On Da Ren
The Ideal Personality of Chinese Tradition

"大人"论
中国传统中的理想人格

张耀南 著

北京大学出版社
PEKING UNIVERSITY PRESS

图书在版编目（CIP）数据

"大人"论——中国传统中的理想人格 / 张耀南著. —北京：北京大学出版社，2005.11

ISBN 978-7-301-09877-6

Ⅰ.大… Ⅱ.张… Ⅲ.人格－传统文化－研究－中国 Ⅳ.B82-092

中国版本图书馆 CIP 数据核字(2005)第 124508 号

书　　　名："大人"论——中国传统中的理想人格
著作责任者：张耀南　著
特邀编辑：贺江斌
责任编辑：王立刚
书　　　号：ISBN 978-7-301-09877-6/B·0348
出版发行：北京大学出版社
地　　　址：北京市海淀区成府路 205 号　　100871
网　　　址：http://www.pup.cn　电子邮箱：pkuwsz@yahoo.com.cn
电　　　话：邮购部 62752015　发行部 62750672　编辑部 62752025
排　版　者：北京河上图文设计工作室
印　刷　者：北京汇林印务有限公司
经　销　者：新华书店
　　　　　　650 毫米×980 毫米　16 开本　17 印张　200 千字
　　　　　　2005 年 11 月第 1 版　2007 年 1 月第 2 次印刷
定　　　价：24.80 元

未经许可，不得以任何方式复制或抄袭本书之部分或全部内容。
版权所有，侵权必究
举报电话：010-62752024　电子信箱：fd@pup.pku.edu.cn

目录

绪　　论：只为"大人"立传 / 1

第一章　"大人"、"君子"与"小人" / 7
　　一、"大人"与"君子" / 9
　　二、"道德"层面上之"君子" / 12
　　三、所谓"天地境界" / 16
　　四、"大人"之形形色色 / 21

第二章　"大人"人格之史的考察 / 27
　　一、孔子以前之"大人" / 29
　　二、孔子心目中之"大人" / 32
　　三、墨子以"兼"为"大" / 37
　　四、老子以"不"为"大" / 44
　　五、庄子以"至人"为理想 / 53
　　六、惠施以"泛爱"为"大" / 59
　　七、孟子以"大丈夫"为理想 / 62
　　八、荀子以"圣人"、"大儒"为终极目标 / 69
　　九、中国文化中"大人"之定型 / 77

第三章　"大人"之"大知" / 83
一、何谓"大知" / 85
二、儒家"主智论"所主为何 / 94
三、道家"反智论"所反为何 / 98
四、法家"反智论"所反为何 / 102
五、中国"大知"思想之萎缩 / 106

第四章　"大人"之"大仁" / 111
一、"小仁"与"大仁" / 113
二、从"他人"的角度看"大仁" / 117
三、从"万物"的角度看"大仁" / 123
四、从"生生"的角度看"大仁" / 129
五、从"流通"的角度看"大仁" / 133
六、从"利益"的角度看"大仁" / 137
七、从朱熹之《仁说》看"大仁" / 141
八、从王阳明之《大学问》看"大仁" / 143
九、从谭嗣同之《仁学》看"大仁" / 146

第五章 "大人"之"大勇" /149
　　一、何为"大勇" /151
　　二、"大勇"与"尚武"人格 /159
　　三、何样之"死"可视为"大死" /163
　　四、"大勇"之表征 /170

第六章 "大人"之"世界主义"视野 /187
　　一、所谓"世界主义"的视野 /189
　　二、"大人"之"世界主义"视野 /191
　　三、"大人"之"世界主义"视野的特征 /200
　　四、"大人"之"世界主义"视野的现代价值 /206

第七章 "大人"之"不隔主义"视野 /211
　　一、人与人的"不隔" /214
　　二、人与物的"不隔" /219
　　三、物与物的"不隔" /225
　　四、"心"与"不隔主义"之视野 /230
　　五、"大人"之"不隔主义"视野的现代价值 /234

第八章 "大人"之"现象主义"视野 /243

一、目前已知的几种说法 /245

二、宇宙观上的现象主义"大视野" /248

三、由现象主义而致循环主义 /250

四、由现象主义而致无限主义 /252

五、由现象主义而致道德主义或价值主义 /254

六、由现象主义而致人文主义 /256

七、由现象主义而致整体主义或全息主义 /258

后　记：成为"大人"也许不难 /263

绪 论

只为"大人"立传

绪论：只为"大人"立传

君子即"大人"，论君子即是论"大人"，论君子之人格即是论"大人"之人格。中国文化以君子为追求，实即以"大人"为追求。

"大人"有多"大"？以"顶天立地"一词，尚不足以形容之，因为"顶天立地"是处天地之间，而"大人"却要超天而越地。以"大刀阔斧"、"大才槃槃"、"大义凛然"、"大公无私"、"大气磅礴"、"大节不夺"、"大本大宗"、"大名鼎鼎"、"大是大非"、"大显神通"、"大步流星"、"大破大立"、"大笔如椽"、"大家举止"、"大展鸿图"、"大雅君子"、"大摇大摆"、"大慈大悲"、"大模大样"、"大彻大悟"等词，尚不足以形容之，顶多能描绘"大人"于万一。"大人"代表了中国文化之最高理想，从任一角度去描绘他，都会遗忘另一个角度。简言之，任何描述都只能是一"偏"，而不能是一"全"。

中国文化史上明言为"大人"立传的第一人，恐怕就是汉、魏之际的阮籍。他写《大人先生传》，既不为"张大人"而写，也不为"李大人"而写，总之不为任何具体的"大人"而写(亦有谓"大人"即指隐士孙登者，聊备一说)，而是写给自己心中一个"抽象的大人"。这"抽象的大人"，他特别名之为"大人先生"。台湾著名学者韦政通先生曾谓："所谓'大人先生'，实是阮籍以老、庄思想为蓝本，以道体为灵魂，塑造而成的一尊自由神。"① 可知"大人先生"并非具体的"某人"。专为"大人先生"立传，莫非这"大人先生"有何特别之处？阮籍答曰：正是！"大人先生"之"大"，是相对于"域中君子"之"小"而言的。"大人先生"之"大"表现为"与造物同体，天地并生，逍遥浮世，与道俱成，变化散聚，不常其形"；"域中君子"之"小"表现为"服有常色，貌有常则"。此其一。"大人先生"之"大"表现为"反复颠倒，未之安固，……云散震坏，六合失理，……根拔枝殊，咸失其所"；"域中君子"之"小"表现为"言有常度，行有常式，……动静有节，趋步商羽，进退周旋，咸有规矩，心若怀冰，战战栗栗，束身修行，日慎一日，择地而行，惟恐遗失"。此其二。"大人先生"之"大"表现为"养性延寿，与自然齐光，……以万里为一步，以千岁为一朝，行不赴而居不处，求乎大道而无所寓。……应变顺和，天地为家，运去势隤，魁然独存，自以为能足与造化推移，故黙探道德，不与世同之"；"域中君子"之"小"表现为"诵周孔之遗训，叹唐虞之道德，唯法是修，唯礼是克，手执珪璧，足履绳墨，行欲为目前检，言欲为无穷则"。此其三。"大人先生"之"大"表现为"飘飘于天地之外，与造化为友，朝飡汤谷，夕

---

① 韦政通：《中国思想史》，655页，台北，水牛出版社，1995。

饮西海，将变化迁易，与道周始"；"域中君子"之"小"表现为"奉事君王，牧养百姓，退营私家，育长妻子，卜吉宅，虑乃亿祉，远祸近福，永坚固己"。此其四。"大人先生"之"大"表现为"超世而绝群，遗俗而独往"，"放荡越礼"，越"名教"而任"自然"；"域中君子"之"小"表现为"炎斤火流，焦邑灭都，群虱死于裈中而不能出"，其处境实如"虱之处裈中"，却自以为得意。此其五。"域中君子"之"小"还表现为身处裤裆之中，"深缝匿乎坏絮，自以为吉宅也；行不敢离缝际，动不敢出裈裆，自以为得绳墨也；饥则啮人，自以为无穷食也。"此其六。"域中君子"之"小"还表现为"尊贤以相高，竟能以相尚，争势以相君，宠贵以相加，……竭天地万物之至，以奉声色无穷之欲，……重赏以喜之，严刑以威之，财匮而赏不供，刑尽而罚不行，……诚天下残贼乱危死亡之术耳。"此其七。"域中君子"之"小"还表现为"假廉而成贪，内险而外仁，罪至不悔过，幸遇而自矜。"此其八。"域中君子"之"小"还表现为"坐制礼法，束缚下民，欺愚诳拙，藏智自神，强者睽眠而凌暴，弱者憔悴而事人"。此其九。总之阮籍给予"大人先生"的空间非常非常小，而给予"域中君子"的空间却非常非常大。换言之，"游乎尘垢之外"的"域中君子"非常非常少，而"沉于尘垢之内"的"域中君子"却是非常非常多。《大人先生传》所说的"域中君子"既包括"君"，也包括"臣"；既包括"君子"，也包括"小人"；既包括"圣贤"，也包括"途人"；既包括"富人"，也包括"穷人"；既包括"强者"，也包括"弱者"，等等。人世间的芸芸众生，都只是"域中君子"，"大人先生"是居于六合之外，超乎尘世之上，上与天地精神往来，下与造物者为友之一班人。总之，著者以为"域中君子"就是自拘于"人伦"之"井底之蛙"，而"大人先生"却是能打通"人伦"、"物则"、"天理"三大界域之"背负青天之鲲鹏"。

阮步兵诚专为"大人先生"立传之第一人。这本《"大人"论》继其后，不敢谬称"第二"，却亦是只为"大人"立传的一部专书。第一章论"大人"与"君子"之关系，证明"大人"之人格，乃是中华文明之最高追求；第二章论"大人"之成长与定型，证明中华文明中"大人"之发育，与个体之发育同其逻辑；第三章论"大人"之"大知"人格，证明中华文明不存在一个"反智"的传统，只存在一个"反小智"的传统；第四章论"大人"之"大仁"人格，证明中华文明讲"大仁"确有相当的高度，决非一般"仁者爱人"所能概括；第五章论"大人"之"大勇"人格，证明"大勇"之追求确曾盛行于中华文明之早期，只是在后期衰微了；"世界主义"、"不隔主义"、"现象主义"三章，则是以西方文化为背景，说明"大人"人格。这是一本重新诠释整个中华文明的专书，或许缺点错误很多，却不失为一种全新的尝试。尝试而有错误，是小事情；因怕有错误而不去尝试，才真正是事关重大之学术的悲哀。

准此，则著者将以"战战兢兢，如临深渊，如履薄冰"之尝试而失败为荣，而以"四平八稳"、"人云亦云"、"八面玲珑"之不创新而"成功"为耻。

第 一 章

"大人"、"君子"与"小人"

不管我们怎样去理解"君子",在中国传统的文化系统中,"君子"总是与"小人"对称的。它作为一个政治上权力的概念,与无权之"小人"对称;它作为一个道德上人格的概念,与无德之"小人"对称。所以"君子的人格",根本上就是与"小人"对称的"大人的人格","君子"的根本含义就是"大"。几千年的中国文化里,"君子"之歧义肯定多如牛毛;但即使它的定义有千万种,总离不开一个"大"字。离开"大"而谈"君子",是难以想象的。

"大"也许有程度之分,有"最大",有"较大",有"不太大",但即使是铁嘴铜牙,他也不可能把"君子"说成是"小人"。"君子"可以不完美,但他始终是"大人";"小人"可以很完美,但他始终是"小人"。中国文化中"大人"与"小人"的区分,也许并不固定于一个或一层,但这样的区分本身,却是固定的。换言之,中国文化中"大人"的理想,是不可动摇的。

一、"大人"与"君子"

中国文化中之所以始终有"君子"之追求，就因为中国文化始终没有放弃"大人"之理想，直到西方的"科学文明"在中国取得压倒优势的地位。我们翻检中国的文化史，最刺目的文字，就是"大"。孟子讲"天道荡荡乎大无私"，是在"无私"之前加一个"大"字；孟子又讲"从其大体为大人，从其小体为小人"（《孟子·告子上》），是在"体"之前加一个"大"字；孟子又讲"先立乎其大者，则小者弗能夺也，此为大人矣"（《孟子·告子上》），是在"人"之前加一个"大"字；孟子又讲"吾尝闻大勇于夫子矣"（《孟子·公孙丑上》），是在"勇"之前加一个"大"字；孟子又讲"富贵不能淫，贫贱不能移，威武不能屈，此之谓大丈夫"（《孟子·滕文公下》），是在"丈夫"之前加一个"大"字；荀子讲"明于从不从之义，而能致恭敬、忠信、端悫以慎行之，则可谓大孝矣"（《荀子·子道》），是在"孝"之前加一个"大"字；《大学》讲究"国治而后天下平"，是在"学"之前加一个"大"字；《礼记·礼运》讲"人人为他，天下为公，不独亲其亲，不独子其子"

的"大同",是相对于"人人为己,天下为家,独亲其亲,独子其子"的"小康"而言的,是在"同"之前加一个"大"字;追求个人自我解脱的"小乘"佛教在中国不易扎根,融入中国人心灵的是讲究普度众生、大慈大悲(它完全不同于一般的"慈",一般的"悲")的"大乘"佛教,由此可知中国人对"大"的偏好;张载讲"大其心则能体天下之物"(《正蒙·大心》),是在"心"之前加一个"大"字;管仲讲"大德至仁,则操国者众",又说"大德不至仁,不可以授国柄"(《管子·立政》),是在"德"之前加一个"大"字;《礼记·中庸》讲"大德者必受命",又讲"故大德,必得其位,必得其禄,必得其名,必得其寿",也是在"德"之前加一个"大"字;老子讲"大道废,有仁义"(《老子》第十八章),庄子讲"夫大道不称,大辩不言"(《庄子·齐物论》),是在"道"之前加一个"大"字;唐代医圣孙思邈讲"凡大医治病,必当安神定志,无欲无求,先发大慈恻隐之心,誓愿普救含灵之苦,……如此可为苍生大医,反之则是含灵巨贼"(《千金要方·大医精诚》),是在"医"之前加一个"大"字;朱熹讲"大本者,天命之性,天下之理皆由此出,道之体也"(《四书章句集注·中庸章句》),是在"本"之前加一个"大"字;清初颜元讲"常以大人自命,自然有志,自然心活,自然精神起"(《习斋先生言行录》卷下),是在"人"之前加一个"大"字;等等。中国文化中不是所有的东西之前,都可以加上"大"字;但确是有很多东西,可以和"大"字相联。

"大"字并不是随便可以添加的。如"大孝"与"孝"就有很大的不同,"大孝"是讲原则、有条件,"孝"则未必。又如"大学",就跟"学"有很大不同,数理化等具体科学,在中国文化的系统中就只是"学"或"小学",而非"大学";"大学"是治国平天下的学问,是要具有普度众生的情怀。又如"大勇",亦不同于一般的"勇"。一般的"勇"只是"匹夫之勇";临危不惧、视死如归,那才叫"大勇",敢于承认自己心中之不直与不义、敢于向低下卑贱之人表示诚服,那才叫"大勇"。同理,父慈于子只是"慈",以慈己子之心慈他人之子,那才叫"大慈";"大悲"亦然。行得正,有志向,是"丈夫";"居天下之广居,立天下之正位,行天下之大道"(《孟子·滕文公下》),换言之,时时处处与"天下"挂钩,那才叫"大丈夫"。不明"父母生成我此身,原与圣人之体同,天地赋予我此心,原与圣人之性同"(《习斋先生言行录》卷下)之理者,只是"小人","小人"是既"辜负天地之心",又"辜负父母之心";"大人"不然,"大人"是"能作圣"、"敢作圣"的,是深信"圣人是我做得"的。此外"大德"、"大道"等等,在中国文化中,也有其特别的含义。总之"大"字不是随便添加的,"大"字之于中国文化,有其特别的深意。

二、"道德"层面上之"君子"

"君子"之人格若用一个字去描述,就是"大";用两个字去描述,是"大人";三个字,是"大丈夫";四个字,是"大心体物";六个字,是"先立乎其大者";八个字,是"以天地万物为一体"。总之,在中国文化的系统中,"君子"就是"大人","君子"之人格就是"大人"之人格。

认识到这一点有什么重要的意义吗?其意义就在于:第一,让我们认识到中国人的追求其实不只是"道德的",他讲"道",同时亦讲"大道",他讲"德",同时亦讲"大德";第二,让我们认识到中国文化所以异于西方文化者,不在"道德",不在"礼义",不在"精神文明",而在"大",在"大人"之境界。关于第一点,我们可以说以"君子"为"领导"、"小人"为"群众",那只是"君子"人格的最低层次;以"君子"为"有德者"、"小人"为"无德者",那只是"君子"人格的较高层次;只有以"君子"为"大人"(与天地万物为一体),以"小人"为"小人"(不与天地万物为一体),才是"君子"人格的最高层次。最低层次是政治上的，较高层次是道德上的，最高层次是境界上的。境界不是不要"道德"，而是要"大道"，要"大德"。

　　关于第二点，无论是中国人还是西方人，无论是大学者还是小匹夫，都喜欢停留在"道德"的层面，认识不到或不愿意认识到中西文化根本异点之所在。人类文化史上的大家，再大大不过托尔斯泰，在托尔斯泰笔下，中西文化之根本异点何在？他在《给一个中国人的信》中，说欧洲民族是"不道德的、极端自私的、贪得无厌的"，而中国人则是"用宽宏和明智的平静、宁可忍耐而不用暴力斗争的精神来回答加之于他们头上的一切暴行"，这是根本异点；又说欧洲民族是"粗野的、自私的、只过着兽性生活的人"，而中国"人民"却是"平静和忍耐"的，这是根本异点；又说欧洲民族已"被军事的、宪法的和工业的生活腐化"，而中国人"继续过以前所过的和平的、勤劳的、农耕的生活，遵循自己的三大宗教教义"①，这是根本异点。托翁有所谓"道德文章"之称，越到晚年越喜以道德为文章之基，他谈中西文化之根本异点，自然亦跨不出"道德"层次。这是"世界级"大文豪对中西文化之根本异点的理解。

　　降而到"国家级"。如辜鸿铭先生，至少亦是"国家级"大家，他对中西文化之根本异点的理解，同样亦是止于"道德"的层面：他说中国人之最高的追求，同时亦是"君子"之理想，就是"不以暴易暴"，不同于西方人之主张"以暴易暴"；一"以暴易暴"，一不"以暴易暴"，这就是中西文化之根本异点。再如严复先生，至少也算是"国家级"大家，亦喜从"道德"方面谈中西文化之根本异点，如他说中人最重三纲、西人首倡平等，中人亲亲、西人尚贤，中人以孝

---

① 《列夫·托尔斯泰文集》，第十五卷，519—529页，北京，人民文学出版社，1989。

治天下、西人以公治天下，中人尊主、西人隆民，中人贵一道而同风、西人喜党居而州处，中人多忌讳、西人众讥评，中人追淳朴、西人求欢虞，中人求谦屈、西人务发舒，中人尚节文、西人乐简易，等等。再如陈独秀先生，谓西洋民族以战争为本位、东洋民族以安息为本位，西洋民族以个人为本位、东洋民族以家族为本位，西洋民族以法治为本位、东洋民族以感情为本位，西洋民族以实力为本位、东洋民族以虚文为本位，等等。再如李大钊先生，谓西方文化是物质的、中国文化是精神的，西方文化是肉的、中国文化是灵的，西方文化是动的、中国文化是静的，西方文化是积极的、中国文化是消极的，西方文化是突进的、中国文化是苟安的，等等。总之以"物质文明"称西洋、以"精神文明"誉中国，乃是"五四"以来几乎所有中国学人共通的见解，此种见解的立足点，就是"道德的"。

著名学者余英时先生，曾撰有《儒家"君子"的理想》一文，认为儒家理想"君子"的精神就是"弘毅进取"或"刚毅进取"。胡适《说儒》一文，曾谓将殷遗民"柔顺取容"之"儒道"改造成"弘毅进取"之"新儒行"，乃是孔子的最大贡献(《胡适论学近著》)。余英时先生不同意此种说法，但同意以"弘毅进取"概括"君子"之精神。孔子主"无欲则刚"，刚就是刚毅；余先生以为孟子"富贵不能淫，贫贱不能移，威武不能屈"之"大丈夫"的说法，恰可为孔子"无欲则刚"之说法的注脚。余先生还举孔子的"狂狷"说(《论语·子路》)，认定孔子在"狂"("狂者进取")与"狷"("狷者有所不为")、"进"与"止"之间，曾毫不迟疑地选择"进"而不取"止"，亦表示孔子追求的"君子"人格是"进取"("中行"是其最高理想，但不易达到)。余先生又举"知其不可而为之"(《论语·宪问》)之言以为证明。余先生认为西方自柏拉图、亚里士多德以来，即有所谓"静观人生"(vita contemplativa)与"行动人生"(vita activa)之区分，且"静观"高于"行动"。近代以后此关系发生颠倒,"行动人生"逐渐凌驾于"静观人生"之上。很长时期里,西方人认为"行动人生"乃近代性格,自文艺复兴以来便逐渐取传统"静观人生"而代之。余先生认为中国"君子"之理想,自始即未走上"静观"与"行动"截然二分之途,而是即静即动、即思即行;"君子"刚毅进取、自强不息之精神,就是导源于"君子"即静即动、即思即行之品格(或性格)。就此意义而言,余先生认为儒家"君子"之刚毅进取的精神,既非纯"传统的",亦非纯"现代的",而是介乎"传统"与"现代"之间,"且兼而有之"①。

余英时先生以"刚毅进取"描绘儒家"君子"之精神,在"道德"的层面上,诚然是不错的。但是(一)儒家的"君子"理想还有一个"天地"的层面,高居于"道德"层面之上,(二)儒家的"君子"理想之外,还有道、释、法、阴阳、墨、名等诸家的"君子"理想,以"刚毅进取"描绘儒家之外"君子"之精神,恐有扞格之处。故著者以为余先生以"刚毅进取"指称"君子",只有相对的恰当性。广而言之,以"道德"与"不德"、"精神文明"与"物质文明"等等,作为中西文明之根本异点,作为"君子"与"小人"间之根本异点,亦只有相对的恰当性,确切言之,只有一定层面上的恰当性②。

---

① 余英时:《中国思想传统的现代诠释》,160—177页,江苏人民出版社,1989。
② 此处著者不使用"正确性"一词,因为"君子"之观念无所谓正确与否。

三、所谓"天地境界"

"大人"境界,相当程度上就是所谓"天地境界"。西洋少数思想家也讲"天地境界",或类似"天地境界"的境界,如丹麦宗教哲学家克尔凯郭尔(Søren Kierkegaard,1813—1855)。克氏著《生活道路的诸阶段》(1845)之长篇巨著,区分了人之生活的三种方式——"美学阶段"、"伦理阶段"与"宗教阶段"。"美学阶段"是人追求短暂物质享受与片刻精神满足之阶段,以暂时人间享乐与偶然性为特点;"伦理阶段"是人追求伦理满足之阶段,禁欲主义与道德责任心居于支配地位,以担承义务与责任为特点;"宗教阶段"是人既摆脱一切世俗、物质束缚,又摆脱一切道德原则之束缚的阶段,人只是作为他自己而存在,以服从上帝为特点。克氏所论的"宗教阶段",类似于中国文化中的"天地境界"。这境界在西方文化中,是个"例外",西方只有极少数的思想家,曾经上升到这样的境界。

中国的思想家则不然。在中国文化的系统中,不上升到"天地境界",就不能叫做"迷途知返",就不能叫做"大彻大悟",就不能叫做"出类拔萃",就不能叫做"桶底脱落"(禅宗用语),简言之,就够不上"大师"之资格。所以"天地境界"乃是中国文化之"常",一如它只是西方文化之"权"。要说中西文化有差异,这一"常"一"权",就是其最根本之差异。

哲学家冯友兰(1895—1990)撰《新原人》(1943)一书,其中有"境界"一章,总论"自然境界"、"功利境界"、"道德境界"与"天地境界"之四种境界;又设"自然"、"功利"、"道德"、"天地"四章,分论以上四种境界。冯先生以"顺才或顺习"为"自然境界"之特征,具此境界者顺才而行,"行乎其所不得不行,止乎其所不得不止",或顺习而行,"照例行事";此类人对于其所行之事之性质,并无清楚之了解,即使不是"不识不知",亦可断为"不著不察"。冯先生以为此类人原始社会中有,农业社会中有,工业化社会同样亦不为少。他在工业化社会中,固然不再是"日出而作,日入而息,凿井而饮,耕田而食",但他依然可以是"不识不知,顺帝之则",依然可以对其所行之事之性质,缺乏清楚之了解。

"功利境界"之特征是"为利",确切言之,是"自利"。具此境界者对于"自己"与"利",有十分清楚之了解;其行为或为增加自己之财产,或为发展自己之事业,或为增进自己之荣誉,总之有十分明确之目的。冯先生以为此类人未必如杨朱者流,消极为我;此类人可以积极奋斗,甚至可以牺牲自己,但其万千行为之最后目的,总是为其自己之利。其行为事实上可产生利他之效果,甚至大利他之效果,但其行为之原始出发点,还是为其自己之利。秦皇汉武之事业,很多地方是功在天下、利在万世的;但他们所以成此事业之出发点,却是为自己之利。以此冯先生认秦皇汉武之流,虽均盖世英雄,其境界却仍是"功利境界"①。

---

① 著者对此有保留意见,著者以为秦皇汉武不失为"大人"之一种。

"道德境界"以"行义"为特征。义、利相反相成：求自己之利是"利"，求社会之利就是"义"。具此境界者，不再认为社会制度及其道德、政治法律是与个人对立的，而是已明确认识到个人必于社会中，方能得其发展。社会不再是制裁个人之手段、压迫个人之工具；反是个人之一部分，个人必在社会制度及政治、道德律中，才能得人之所以为人者。若"功利境界"中人是以"占有"为目的，则"道德境界"中人就是以"贡献"为目的。前者是"取"，后者是"与"。前者虽有时"与"，然目的在"取"；后者虽有时"取"，然目的在"与"。

"天地境界"以"事天"为特征。具此境界者，不仅能明了社会之全，更能明了宇宙之全，以为人必赖宇宙方能使人之所以为人者尽量发展。换言之，必赖宇宙方能"尽性"。此类人知人是社会之全之一部分，同时又知人是宇宙之全之一部分；故以为人当贡献于社会，同时又当贡献于宇宙；人当于社会中堂堂地做一个人，同时又当于宇宙间堂堂地做一个人。人之行为不仅与社会有干系，且与宇宙有干系。人身不过七尺，却可以"与天地参"；人寿不过百年，却可以"与天地比寿，与日月齐光"①。

据冯先生对"天地境界"的解释，"天地境界"中人之最高造诣，是不仅觉解其为大全之一部分，而且自同于大全。自同于大全，即是"同天"，"同天境界"中人既是有知的，又是无知的；"天地境界"中人是"无我"的，又是"有我"的，"无我"不是"我"之消灭，而是"我"之无限扩大，"有我"是谓"我"是大全之主宰、宇宙之主宰；"天地境界"中人又是"物物而不物于物"的，又是有为而无为的，又是能顺理应事的；等等。总之冯先生是把"天地境界"视为所有境界的"最高级"。

---

① 冯友兰：《三松堂全集》第四卷，553—554页，河南人民出版社，1986。

此种最高级的境界,自是类似于著者所谓"大人境界"。孟子言"浩然之气",谓其"至大至刚,以直养而无害,则塞于天地之间","至大"是"大","塞于天地之间"亦是"大"。张横渠"天地之塞吾其体,天地之帅吾其性"之言,是谓"大";其"为天地立心,为生民立命"之言,亦是谓"大"。冯先生以为孟子"居天下之广居,立天下之正位,行天下之大道"之境,不可谓不"大",但还不是"至大";其"富贵不能淫,贫贱不能移,威武不能屈"之境,不可谓不"刚",但还不是"至刚"。他以为只有"至大至刚"之境,方是"大人境界"(冯友兰:《三松堂全集》,637页)。这要求自然过于高远,著者以为"至大至刚"诚然是"大人境界",却不能谓"大"与"刚"就不是"大人境界",否则"大人境界"恐怕就无以实现于天地间了。"大"与"刚"已经不容易实现,要实现"至大至刚"就更是难上加难,除非断然引进"彼岸"、"来世"与"天堂"等观念。而这样一来,也就打破了中国文化原有的和谐,因为原有的中国文化系统,是不含有、也不允许含有此类观念的。

著者以为孟子"至大至刚"、"上下与天地同流"之言,是"大人境界";其"居天下之广居"、"富贵不能淫"等言,亦是"大人境界"。《周易》系辞"圣人与天地合其德,与日月合其明,与四时合其序,与鬼神合其吉凶"之言,是"大人境界";庄子"游心于无穷"、"与天地精神往来"、"上与造物者游,而下与外死生无终始者为友"等言,亦是"大人境界"。《周易》系辞"先天而天弗违"之言,《中庸》"建诸天地而不悖,质诸鬼神而无疑"之言,是"大人境界";庄子"大泽焚而不能热,河汉沍而不能寒,疾雷破山、飘风振海而不能惊"之言,同样亦是"大人境界"。

《庄子·大宗师》有言:"天之小人,人之君子;人之君子,天之小人也。"又曰:"畸人者,畸于人而侔于天。"可谓一语道破"君子"之天机：人世之"君子"，木秀于林，堆出于岸，行高于人，故能谓之"大"；但相比于天地宇宙，其又无限之渺小，风必摧之，流必湍之，众必非之，故只能谓"天之小人"。"人之君子"，因其特立独行，故被视为"畸人"；但自天地宇宙而言之，他又是"侔于天"的"常人"。自人而言之，"大人"乃"畸人"；自天而言之，"大人"乃"常人"。故"大人"只"畸于人"而不畸于天，只"侔于天"而不侔于人。总之"君子"就是"大人"，"君子"之人格就是"大人"之人格，"君子"之境界就是"天地"之境界或"大人"之境界。"君子"的根本品格，就是"大"。

四、"大人"之形形色色

英国作家卡莱尔(Thomas Carlyle,1795—1881)著《英雄与英雄崇拜》一书,视六类人为"英雄":一曰"帝王",如克伦威尔、拿破仑;二曰"神明英雄",如欧丁;三曰"先知英雄",如穆罕默德;四曰"诗人英雄",如但丁、莎士比亚;五曰"教士英雄",如路德、诺克斯;六曰"文人英雄",如约翰生、卢梭、彭斯,等等。"英雄"是不是同于"大人",兹不论;但"英雄"与"大人"至少有相当的重叠。简言之,"狗熊"总难成"大人"。

中国古典名著《三国演义》也有"英雄"之论,可为"大人"之借鉴。其第二十一回载"曹操煮酒论英雄",曹操谓"兵粮足备"不足为"英雄",如淮南袁术;"色厉胆薄,好谋无断,干大事而惜身,见小利而忘命"不足为"英雄",如河北袁绍;"虚名无为"不足为"英雄",如刘表;"藉父之名"不足为"英雄",如江东孙策;"虽系宗室,乃守户之犬耳"不足为"英雄",如益州刘璋;"碌碌小人"不足为"英雄",如张绣、张鲁、韩遂之辈。不足为"英雄",未必是"小人";但不足为"英雄",却肯定非"大人"。

然则曹操心目中的"英雄",究竟是何等样式?《三国演义》载曰:"胸怀大志,腹有良谋,有包藏宇宙之机,吞吐天地之志者。""包藏宇宙之机,吞吐天地之志",当然是一种"大",这样的"英雄"当然就是所谓"大人"。曹操自信自己和刘备就是这样的"大人",也只有自己和刘备是这样的"大人","惟使君与操耳"。故《三国演义》所载"英雄"(至少是理论上的"英雄"),有相当的"大人"气味。

"大人"是"全知全能"的吗?这问题显然是值得讨论的。因为在一般人心目中,"大人"就是"全知全能"之人,"大人"是"全",而不是"偏"。其实在著者看来,"全知全能"者诚然可为"大人";"偏知偏能"者在相当层面上,亦不失其为"大人"。现实生活里,可说无人不"偏"。刘劭《人物志》可说就是一部只论人物之"偏"的专著。该书《流业》一篇,就是"偏才"之分类。他把人物之"偏"分为十二类:一曰清节家(行为物范),二曰法家(立宪垂制),三曰术家(智虑无方),四曰国体(三材纯备),五曰器能(三材而微),六曰臧否(分别是非),七曰伎俩(错意工巧),八曰智意(能炼众疑),九曰文章(属辞比事),十曰儒学(道艺深明),十一曰口辩(应对给捷),十二曰雄杰(胆略过人)(《人物志·流业》)。

十二种"偏才",刘劭称为十二"流业"。清节家偏道德,故曰"德行高妙,容止可法",如延陵、晏婴;法家偏制度,故曰"建法立制,强国富人",如管仲、商鞅;术家偏谋略,故曰"思通道化,策谋奇妙",如范蠡、张良;国体兼备以上"三材",且"三材"皆备,故曰"其德足以厉风俗,其法足以正天下,其术足以谋庙胜",如伊尹、吕望;器能亦兼备以上"三材",但"三材"皆微,故曰"其德足以率一国,其法足以正乡邑,其术足以权事宜",如子产、西门豹;臧否偏是非,故曰"好尚讥诃,分别是非",如子夏之徒;伎俩偏技术，故曰"能受一官之任，错意施巧"，如张敞、赵广汉；智意偏权智，故曰"能遭变用权，权智有余，公正不足"，如陈平、韩安国；文章偏文字，故曰"能属文著述，是谓文章"，如司马迁、班固；儒学偏理想，故曰"能传圣人之业，而不能干事施政"，如毛公、贯公；口辩偏言辞，故曰"辩不入道，而应对资给"，如乐毅、曹丘生；雄杰（又称骁雄）偏胆力，故曰"胆力绝众，材略过人"，如白起、韩信。刘劭认为以上十二种偏才，都只足当"人臣之任"（《人物志·流业》）；他们要想充分发挥才智，还有待英明之主。显然在刘劭心目中，以上十二类偏才是不够"大人"之资格的。

英明之主也许未必兼备以上诸才，但却可以兼任以上诸才。换言之，英明之主最大的才能就是"总达众材，而不以事自任"。事事亲为之主，不是"大主"；不事事亲为、不"以事自任"之主，反是"大主"。有为是"小"，无为是"大"，这不仅是刘劭的政治智慧，不仅是道家的政治智慧，更是整个中华文明的政治智慧、哲学智慧。所以一部中华文明史，实即一部"大人"成长史。可知君主在中华文化系统中，未必都是"大人"；只有能"总达众材，而不以事自任"之君主，方具"大人"之资格。

刘劭以为清节家可堪"师氏之任"，法家可堪"司寇之任"，术家可堪"三孤之任"，以上三材纯备者可堪"三公之任"，以上三材欠缺者可堪"冢宰之任"，臧否可堪"帅氏之佐"之任，智意可堪"冢宰之佐"之任，伎俩可堪"司空之任"，儒学可堪"安民之任"，文章可堪"国史之任"，口辩（又称辩给）可堪"行人之任"，雄杰（骁雄）可堪"将帅之任"。昏庸之主或"小主"，使各才不得其用，又不得其位；英明之主或"大主"，能使各才各得其用，又各得其位。故曰："主道得而臣道序，官不易方，而太平用成；若道不平淡，与一材同用好，则一材处权，而众材失任矣。"（《人物志·流业》）

刘劭以为一偏之才不具"大人"之资格,惟"总达众材"之明君方可为"大人"。对此著者有不同看法:愚以为一偏之才若能尽其能,安其职,得其位,便不失为"大人";若不尽其能或不能尽其能,不安其职或不能安其职,不得其位或不能得其位,自然不是"大人",或虽有"大人"之志却无以成"大人"。类推之,得其位者如君主,若不能"总达众材",亦只是"小人"而已。

《人物志·材理》又谓"理有四部,明有四家,情有九偏,流有七似,说有三失,难有六构,通有八能",均是从"偏才"之角度论人物的。"理有四部,明有四家"是分人为"道理之家"、"事理之家"、"失礼之家"、"情理之家"。"情有九偏"是分人为"刚略之人"、"抗厉之人"、"坚劲之人"、"辩给之人"、"浮沉之人"、"浅解之人"、"宽恕之人"、"温柔之人"、"好奇之人"。"流有七似"是阐述七种似是而非的情况,如"似有流行"、"似若博意"、"似若赞解"、"似能叫断"、"似著有余而实不知"、"似悦而不怿"、"似理不可屈"等。"说有三失"是说辩论过程中的三种失误;"难有六构"是说人际间气、怨、忿、盛、妄、怒之所以成;"通有八能"指兼备八种才能而言,"兼此八者,然后乃能通于天下之理,通于天下之理,则能通人矣"(《人物志·材理》)。总之刘劭《人物志》主要是论人物之"偏"。

《人物志·才能》说:"凡偏材之人,皆一味之美。""偏材"或酸或甜或苦或辣,总之以一味为长,而不强调"和五味"。"偏材之人""或能言而不能行,或能行而不能言",不如"国体之人"之"能言能行"。故刘劭称"国体之人"为"众材之隽"(《人物志·才能》)。若谓"偏材之人"是"小人",则"国体之人"便是"大人"。前文已言,得位之君主未必都是"大人",能成"大人"者必能"总达众材",必"能君众材"。假设君主能成"大人",则君臣之异即"大人"与"小人"之异,其差别就在于,"臣以自任为能,君以用人为能;臣以能言为能，君以能听为能；臣以能行为能，君以能赏罚为能"(《人物志·才能》)。

就连"英雄"都是各有其偏的。"英"偏于智，而"雄"偏于力，故刘劭《人物志》谓"聪明秀出谓之英，胆量和力量过人谓之雄，此其大体之别名也"(《人物志·英雄》)。"英"以聪明见长，但若不得"雄"之胆，则其说不行；"雄"以胆力见长，但若不得"英"之智，则其事不立。故"英"待"雄"之胆而行，"雄"待"英"之智而成，"然后乃能各济其所长也"。"英"的缺点是"可以坐论而不可以处事"或"可以循常而不可以虑变"，"雄"的缺点是"可以为力人未可以为先登"或"可以为先登未足以为将帅"。刘劭《人物志》认为张良可为"英"之代表，而韩信可为"雄"之代表。张良长于"英智"，而韩信胜于"雄胆"。但无论如何，他们只是"偏至之材"，故他们只堪"人臣之任"。"英"可以为相，"雄"可以为将，但都只是"人臣"。能"一人之身兼有英雄"，方能"长世"(统治天下)，方能为"大人"，因为"一人之身兼有英雄，乃能役英与雄，能役英与雄，故能成大业也"(《人物志·英雄》)。刘劭《人物志》以为高祖、项羽就是这样的"大人"。

刘劭《人物志》以"偏"为"小"，而以"兼"为"大"，如此则"英"、"雄"亦不得视为"大人"，诚然是有相当深刻之理由。但举目四望，"偏才"多而"兼才"少，甚或"偏才"多而"兼才"无，如此则"大人"便成凤毛麟角，万不一求，如此则"大人"之追求便几乎失去意义。这不合乎本书之主旨。本书以为"偏才"而能尽其"偏"，"兼才"而能尽其"兼"，就是"大人"；"偏才"而不愿尽其"偏"或不能尽其"偏"，"兼才"而不愿尽其"兼"或不能尽其"兼"，就是"小人"。如此则"大人"、"小人"之分并非先定，如此则"人力"尚可变更"命运"于万一，如此则"人事"尚可摇动"必然"于一丝，如此则"君子"可求，"大人"可望。

此亦正本书所论之"君子"、"大人"。

第 二 章

"大人"人格之史的考察

余英时先生的《儒家"君子"的理想》一文,谓"君子"一词"最早而且最正式的定义"是出现在东汉《白虎通义》一书中。该书定义"君子"云:

> 或称君子者何?道德之称。君子为言,群也;子者,丈夫之通称也。故《孝经》曰:"君子之教以孝也,所以敬天下之为人父者也。"何以知其通称也?以天子至于民。故《诗》云:"恺悌君子,民之父母。"《论语》曰:"君子哉若人。"此谓弟子,弟子者,民也。

《白虎通义》将"君子"界定为"道德之称",并谓其为"天子至于民"之"通称",余英时先生认为不合乎孔子以前的情形。他认为孔子以前"君子"指的是一种身份地位,或指"任大政"之"宗卿",如《左传》襄公二十九年所载,或指各国朝廷上居高位之人,如《国语》"晋语八"所载,或指在位之贵族(与之相对的"小人"是指供役使之平民),如《诗经·小雅·谷风之什·大东》及《左传》襄公九年十月等所载。以此余先生认定"君子"而成"道德之称",乃是开始于孔子前,"但却完成在孔子的手里",并谓"这是古代儒家,特别是孔子对中国文化的伟大贡献之一"。故余先生以为《白虎通义》时代之儒者以"道德之称"界定"君子","自然是合乎实际的"(《中国思想传统的现代诠释》,163—164页)。

一、孔子以前之"大人"

孔子是否即是变"君子"之"身分地位之称"而为"道德之称"之人，著者存疑，兹不深论。考孔子以前之中国文化，以《诗经》、《尚书》、《左传》等为代表的被称为"人文思想"的思想解放运动，就是以"德"为核心内容的。换言之，孔子以前的所谓"人文思想"就是一股远"天"而近"德"的思潮，天神权威不断坠落，道德意识逐渐抬头，最后以"德"而取代"天"。所谓思想解放，就是把人从天神信仰的氛围中"解放"出来，引进到道德领域，相信人可以赖自身之"德"而左右天命。即使撇开《诗经》与《左传》，至少《尚书》已经确立完整的、系统的"道德主义思维"，此为著者可断言也。故著者相信中国文化之"道德主义思维"是确立于孔子以前的"人文思想"，而非"孔子的手里"。详言之，"君子"而成"道德之称"恐怕是完成于孔子以前的"人文思想"，而非"孔子的手里"。

台湾地区著名学者韦政通先生著《中国思想史》，认为《诗经》的"人文思想"，主要表现在"天神权威坠落的一面"。这些"少数先知式的诗人"在西周厉王（公元前878—公元前842）时代，开始对"天"之善意与权威发生怀疑，表示抱怨，但仍存敬戒之心。至六十多年后的幽王（公元前781—公元前771）时代，诗人们对"天"之态度已不再只是怀疑、抱怨，而是展开无情攻击，喊出"昊天不傭"、"昊天不惠"、"昊天不平"等口号。这些"先知式的诗人""要求从天神的权威中解放出来，无意中为人文思想的滋长，扫除了最大的障碍"（韦政通：《中国思想史》，46页）。障碍扫除以后，《尚书》便直接进入到"道德的自我意识"，出现了被韦政通先生称为"重人的精神"、"道德责任感的自觉"、"爱民、贵民"、"重视民意"、"以民意代天意"的"人文思想"。《左传》亦然，出现了"贵民、爱民"、"民贵君轻"、"重视民意"、"革命思想"、"不朽论"等"人文思想"，且较《诗经》、《尚书》更进一步，对天神不仅以为不可信，且由人赋予价值判断，说天神是"不善"、"奸"等（韦政通：《中国思想史》，47页）。

　　孔子以前"君子"已成"道德之称"的强有力证据，著者以为就是《左传》的"不朽论"。《左传》襄公二十四年载："太上有立德，其次有立功，其次有立言，虽久不废，此之谓不朽。"叔孙豹说此话时（公元前547），孔子四岁，显然不是受孔子的影响而说。此"三不朽"以"立德"为"太上"，"立功"其次，"立言"又其次，显然已把"德"放到第一位，显然已完全确立所谓"道德主义思维"。"立德"虽久不废，就是"君子"，就是"大人"；"立功"虽久不废，就是"君子"，就是"大人"；"立言"虽久不废，就是"君子"，就是"大人"。孔子以前的"人文思想"，已经视"立德"为"太上"，如何能说变"君子"为"道德之称"只是孔子的功劳？余英时先生曾谓，"士"、"仁者"、"贤者"、"大人"、"大丈夫"、"圣人"等观念，都和"君子"可以互通（余英时：《中国思想传统的现代诠释》，160—161页），如此则更可断言,孔子以前的"君子"、"大人"完全已成"道德之称",而非"身分地位之称";甚至更可断言,中国文化中"君子"、"大人"纯粹只是"身分地位之称"的时代,恐怕是没有的,至少在现存的文献资料中找不到。《诗经》、《尚书》、《左传》,这些中华文明最早的文献,没有"君子"、"大人"纯系"身分地位之称"的记载;在此之前的文献有没有记载,尚待新材料的出土,方可证明。总之吾人暂时只能说,中国文化中"君子"、"大人"之理想,从一开始就与"道德"密切相联,虽也讲"立功",讲"立言",以"立功"为"大",以"立言"为"大",但最为根本的还是"立德",以"立德"为第一位的"大"。

二、孔子心目中之"大人"

余英时先生《儒家"君子"的理想》一文谓"君子"到了孔子的手上"才正式成为一种道德的理想",故孔子(公元前551—公元前479)对于"君子"的境界"规定得非常高,仅次于可望而不可即的'圣人'"(余英时:《中国思想传统的现代诠释》,164页)。"君子"到孔子手上才正式成为一种"道德的理想",此点前文已存疑;至于"君子"之上还有"圣人"一说,著者以为余先生指出这一点,有相当的重要性。《论语·述而》有"圣人吾不得而见之矣,得见君子者斯可矣"之言,表示确有一个"圣人"位于孔子的所谓"君子"之上。且孔子又有"躬行君子,则吾未之有得"(《论语·述而》)之自谦,不敢以"圣与仁"自居。可知孔子心目中的"大人",也许真在"君子"之上。但孔子对于"圣人"或"大人"语焉不详,且其境界又是可望而不可即,故著者建议以"君子—大人"指称孔子之理想,而不把"圣人"与"君子"分为高低不同层次的两种理想。

以"道德"界定孔子之"君子—大人",界定整个儒家之"君子—大人",其实并不确切,因为"道德"只是孔子、儒家手中之工具，其真正目标是"政治"。可以说孔子、儒家之学，乃是始于德而终于政，以道德为出发点而以政治为最后归宿。此层意思多不为学者注意，或不为多数学者注意，故余英时先生等，才有孔子变"君子"为"道德之称"之说。其实"君子"若仅为一"道德家"，他在孔子心目中决不会"大"；孔子视"圣人"为"大"，视"君子"为"大"，正在于"圣人"超越"道德家"而成为"政治家"，"君子"超越"道德家"而成为"政治家"。能治国平天下，那才是孔子心目中的"大"，能治国平天下，那才是儒家心目中的"大"。其余的一切，都只是"雕虫小技"。

孔子是中国第一个大教育家，其教育的主要目标，就是培养"君子"，培养有德有才、德才兼备、以德为主的"后备干部"。孔子所说的"君子"有一个特性，即他不是现代意义上不当官的职业知识分子，而是必须要从政的，要治国安民的。职业知识分子以知识创新为本务，不进入政界，孔子以为这不是"君子"之所为，"君子"必须进入政界。未能进入政界，或进入政界而被排挤出来，那是迫不得已，不是"君子"的本义。孔子一生之所以郁闷不已，正因自己未能在政界充分施展才能，未能成为完整意义上的"君子"。

孔子对"君子"有才能上的要求，如说"君子博学于文"（《论语·雍也》），"君子病无能焉"（《论语·卫灵公》）、"君子有九思"（《论语·季氏》）、"君子和而不同"（《论语·子路》）、"君子不器"（《论语·为政》）、"君子惠而不费，劳而不怨"（《论语·尧曰》）等，而且主张"君子"要有多种知识、多项才能，不要像器皿那样只有一种用处、一项才能。但才能上的要求始终是次要的，孔子特别要求于"君子"的，首先是"德"。他说："君子怀德，小人怀土。"（《论语·里仁》）又说："君子成人之美，不成人之恶。"（《论语·颜渊》）孔子说"君子务本"（《论语·学而》），其所谓"本"就是"孝弟"；又说"君子无终食之间违仁，造次必于是，颠沛必于是"（《论语·

里仁》),不违仁就是不违德,"君子食无求饱,居无求安"(《论语·学而》)为的就是这个"德";又说"君子喻于义,小人喻于利"(《论语·里仁》),表明"君子"在功利与道德之间是要选择道德的;"君子坦荡荡"(《论语·述而》)、"君子不忧不惧"(《论语·颜渊》)、"君子泰而不骄"(《论语·子路》)、"君子矜而不争"(《论语·卫灵公》)、"君子耻其言而过其行"(《论语·宪问》)等,都是对"君子"品德上的要求,都与德紧密相联。孔子讲"志士仁人,无求生以害仁,有杀身以成仁"(《论语·卫灵公》),是说"君子"可以为了德之实现而牺牲生命,但孔子没有留下"君子"可以为了才而牺牲生命的话。可知在孔子心目中,德之地位是高于才的。

为何孔子对"君子"之德要求特别严格?著者以为就因为孔子认定"君子"是要去治国安民的。对于"小人"、"野人",可以不必在德上严格要求,惟独对于"君子"必须严格,因为他们所从事的事业关涉他人之生死安危。"干部"在道德上必须高于"群众",否则他无以领导"群众";"群众"可以有功利思想,但"干部"却不能有,因为"干部"与民争利一开始就不公正。

孔子对于"君子"有才上之要求,这才就是政治才干,是要用到政治上去的;孔子对于"君子"有德上之要求,这德也是官德,也是要用到政治上去的。孔子说"仕而优则学,学而优则仕"(《论语·子张》),"仕"是放在第一位的,"仕"而有空闲才谈到"学"的问题。孔子又说"君子之仕也,行其义也"(《论语·微子》),是说"君子"从政乃是尽其本分,从政本身就是一种"义"。孔子对子产说"君子之道"有四:一曰"其行己也恭",二曰"其事上也敬",三曰"其养民也惠",四曰"其使民也义"(《论语·公冶长》)。除了"其行己也恭"与政治稍远以外,"事上"、"养民"、"使民"都是典型的政治行为;故孔子心目中的"君子之道",基本上是政治性的,"君子"首先是一个"政治人",而后才是"道德人",他就根本上不应当是"经济人"。

子路问"君子",孔子的回答是"修己以敬";子路又问这样够不够,孔子答曰"修己以安人";子路再问这样够不够,孔子答曰"修己以安百姓",并补充说"修己以安百姓,尧舜其犹病诸"(《论语·宪问》)。一个"君子"做到"修己以敬",是最起码的;但若他停留于此,不再去从政,便不再是"君子"。"修己以安人"、"修己以安百姓"就是尧、舜所从事的,就是政治;在这方面尧、舜这样伟大的君王都还做得不够、做得不好,何况一般的"君子"?

孔子特别要求"君子"有德,一方面是因为孔子施教的目标,也是整个儒家教育的目标,是培养从政者,另一方面是因为孔子对当时的从政者特别不满意,认为当时的从政者不仅无才,而且无德。子贡问孔子"今之从政者何如",孔子的回答是:"噫!斗筲之人,何足算也!"(《论语·子路》)"斗筲之人"就是"小人",是不值一提的。他们既不是德才兼备的"君子",又不是拯世救民的"仁人",所以孔子只得另行开辟育才渠道,另创教育新途径,以在一定程度上挽世道于既衰,救万民于水火。

可见孔子心目中的"君子——大人",就是"道德人"与"政治人"的一个综合:仅为"道德人",那不是"大";仅为"政治人",那也不是"大";"大人"必是兼道德与政治于一身的人。以这样的"大人"形象,而比之于几乎同一时期的古希腊哲人,可明显看出中西文化根本思路的不同。柏拉图(Plato,公元前472—公元前347)撰《理想国》,也谈"君子"之修养,但其"修养"之内容,就跟孔子完全不同。孔子所讲主要是道德上的"修养";而柏拉图所讲主要是知识上的"修养",如音乐、体操、算术、几何、天文学等。这些科目就是孔子所谓"行有余力,则以学文"的"文",它们于孔子并非必修项目。柏拉图《理想国》以为人有三种性能,第一位的是智慧,第二位的是情感,第三位的是欲望;智慧之德性在精细,情感之德性在强毅,欲望之德性在节制。就个人而言,能以智慧制情感、御欲望,或以情感助智慧、以欲望顺智慧,就能过适当、公平之生活,就可谓之"大";就社会而言,能以哲人专司智慧、军人专司战争、实业家专司工商,并以哲人为治者,就能得适当、公道之生活,就可谓之"大"。人各有专长,依其专长而各得不同之职司,柏拉图以为教育之目标正在发现、培养、强化此种专长与职司,而使"各就其位"。可见探求知识、增进智慧,乃是柏拉图所谓教育的第一要务。此种"太上有立智"的"智范式"思维方式,深刻地影响了西方文化的发展。

中国文化则是以"德范式"见长。中国文化不以"智"为"大",而以"德"为"大";不主张以"智者"为王,而主张以"德者"为王。孔子所追求的不是"哲人",而是"圣贤";"哲人"以"智"为第一要务,"圣贤"则以"德"为第一要务。樊迟请学稼,孔子答曰"吾不如老农";又请学圃,孔子答曰"吾不如老圃"。与道德修养无直接关系的事情,孔子是不大关心的。他以为学校教育不应当是职业教育;仅行职业教育,无须办学。《论语》中出现的长沮、桀溺、丈人等隐士,讥孔子"四体不勤,五谷不分",恐怕并不是蔑视孔子,而只是道出实情。因为"四体"勤与不勤、"五谷"分与不分,于孔子无关紧要。因为它与"圣贤"目标无关,与孔子心目中的"君子—大人"无关。孔子之不关心、不重视,是很自然的。孔子讲"君子谋道不谋食"、"君子忧道不忧贫",又讲"士志于道,而耻恶衣恶食者",还讲"富与贵……不以其道得之不处也",并讲"君子不器"等,都是从这方面着眼的。孔子以为一个国家、一个社会,无非由两种人组成,一种是道德高尚之人,一种是修养较差之人;道德高尚之人宜在上位担当统治之责,修养较差之人宜在下位立于被治地位。

道德高尚之人就是"圣贤",就是"君子";修养较差之人就是"途人",就是"小人"或"野人"。在孔子心目中,只有"有德"与"无德"之分,少见"有知"与"无知"之分。

三、墨子以"兼"为"大"

墨子（公元前468—公元前376）少谈"君子"，但亦时常论及"士"，如"士君子"、"义士"、"国士"、"兼士"、"别士"等。著者以为其"士"约略相当于儒家所谓"君子"。墨子曾撰中国极崇教育之最早杰作，名曰《所染》①，其中就谈到"士亦有染"的问题。"染"既可指环境影响，亦可指教育影响。"士亦有染"是谓"士"亦能受环境或教育之影响。墨子以为"士亦有染"可出现两种情形，一种是"所染当"，一种是"所染不当"。"所染当"可导致"其友皆好仁义，淳谨畏令，则家日益、身日安、名日荣，处官得其理矣"，如"段干木、禽子、傅说之徒"；"所染不当"可导致"其友皆好衿奋，创作比周，则家日损、身日危、名日辱，处官失其理矣"，如"子西、易牙、竖刀之徒"。教育决定着"士"之安危荣辱，同时亦决定着国家之兴衰存亡，可知《墨子·所染》确曾有"教育决定论"之倾向。

---

① 该名篇既影响到《学记》"独学而无友，则孤陋而寡闻"之主张、《吕氏春秋·当染》之思想，亦影响到荀子、王充等人甚至整个中国之教育思想。

就"士"而言，墨子所追求者无疑是"兼士"。"兼士"是相对于"别士"而言的："兼士""爱人利人"，"别士"则"恶人贼人"；"兼士"之关心他人比关心自己为重，对亲友之衣食住行生死等关怀备至，"别士"则反之，关心自己比关心他人为重；"兼士"能做到"言必行，行必果，使言行之合，犹合符节也"（《墨子·兼爱下》)，而"别士"则言不必行，行不必果。具体来说，墨子对于"兼士"有如下要求：（一）法天，（二）视人如己，（三）重功利。法天即"天之所欲则为之，天所不欲则止。……天必欲人之相爱相利，而不欲人之相恶相贼"（《墨子·法仪》）；视人如己即"兼以易别，为彼犹为己"（《墨子·兼爱下》）；重功利即"上欲中圣王之道，下欲中国家百姓之利"（《墨子·尚同下》），合于三代圣王（尧舜禹汤文武）者为之，合于三代暴王（桀纣幽厉）者则舍之，有利于天、鬼、百姓者为之，有害于天、鬼、百姓者则舍之。

墨子又有"厚乎德行，辩乎言谈，博乎道术"（《墨子·尚贤上》）之言，是从另一个角度提出对于"兼士"的要求：

一曰"厚乎德行"，这是政治上、道德上的要求。就是要求"兼士"要有解决"三患"（"饥者不得食"、"寒者不得衣"、"劳者不得息"）之志，要有实现"三务"（"国家之富"、"人民之众"、"刑政之治"）之能，以"兼爱"而致平和，以"非攻"而成正义，以"尚贤"而举贤人，以"尚同"而致步调一致，以"节用"、"节葬"、"非乐"而省民财，以"非命"而致振作，以"天志"、"明鬼"等而为约束。

二曰"辩乎言谈"，这是知识上、思维上的要求。就是要求"兼士"既要有判断是非之能力，又要有与人论辩之能力。判断是非之能力的养成，有赖"有本之者"、"有原之者"、"有用之者"之"三表法"，此亦即"言必立仪"之"仪"。与人论辩之能力的养成，则有赖"察类明故"即类推与求故之法。墨子常有"子未察吾言之类，未明其故者"《墨子·非攻下》之言,即是在从反面强调"察类明故"之重要性。

三曰"博乎道术",这是行为上、技能上的要求。就是要求"兼士"既要有理论之知识,更要有行为之能力,既是理论家,更是实践家。如器械制造,"兼士"既要懂得其原理、用途及在军事、社会等方面之地位,又要能亲手制作,包括制作水战器械、攻城器械等军事器械,以及木鸢、车辆等生产器械。制作原则是"利于人谓之巧,不利于人谓之拙"《墨子·鲁问》。

就墨子对于"兼士"之要求而言,"法天"是"大","视人如己"是"大","厚乎德行"是"大","辩乎言谈"是"大","博乎道术"是"大","重功利"亦是"大"。这是墨学根本不同于儒学的地方:儒学视"功利"为"小",视"道术"为"小",墨子则反之。可知墨、儒诸家,有不同的"大人"标准。

"兼士"之外,墨子还有"兼君"一说,也是跟"君子"、"大人"有关的一种说法。若说"兼士"是墨子追求的基本目标,则"兼君"便是其所追求的最高目标。"兼士"而能成"兼君",当然是最为理想的。"兼君"的反面是"别君"。"别君"的宣言是"吾恶能为吾万民之身若为吾身,此泰非天下之情也",其做法是"退睹其万民,饥即不食,寒即不衣,疾病不侍养,死丧不葬埋"。反之,"兼君"之宣言则是"吾闻为明君于天下者,必先万民之身后为其身",其做法是"退睹其万民,饥而食之,寒而衣之,疾病侍养之,死丧葬埋之"《墨子·兼爱下》。"别君"做不到视人如己,做不到"为吾万民之身若为吾身",做不到"先万民之身后为其身",故"别君"又被称为"执别"之君,以己重于人为主张。反之"兼君"则能做到视人如己,能做到"为吾万民之身若为吾身",能做到"先万民之身后为其身",故"兼君"又被称为"执兼"之君,以人重于己为主张。以己重于人为主张，当然是"小"；以人重于己为主张，当然是"大"。可知墨子之追求还是以"大人"为上，"小人"次之。"兼士"为"大"，故"兼士"能做到"兼相爱，交相利"；"兼君"为"大"，故"兼君"能做到"兼相爱，交相利"。"别士"与"别君"反之，"别士"与"别君"是"独知爱其身，不爱人之身"，是"独知爱其国，不爱人之国"。墨子的理想是"大"，是"必为其友之身若为其身，为其友之亲若为其亲"。

墨子曾讨论到天下万民的职分，如"王公大人"之职分是"蚤朝晏退，听狱治政"，"士君子"之职分是"竭股肱之力，殚其思虑之智，内治官府，外收敛关市山林泽梁之利以实仓廪府库"，"农夫"之职分是"蚤出暮入，耕稼树艺，多聚菽粟"，"妇人"之职分是"夙兴夜寐，纺绩织纴，多治麻丝葛绪捆布縿"（《墨子·非乐上》）。天下万民各阶层之"分事"，墨子合称"天下分事"；凡有助于"天下分事"之完成者，墨子赞成之，凡妨害"天下分事"之完成者，墨子反对之。比如"非乐"，墨子"非乐"之根本出发点，就是维持"天下之分事"，维持社会分工，从而避免导致"国家乱而社稷危"。天下万民各就其位、各安其职，这就是墨子的思维，也是中国几乎所有思想家的思维，完全合乎中国传统中根深蒂固的"职能主义"宇宙观。

除王公大人、士君子、农夫、妇人四类"分事"以外，墨子似乎还承认学者阶级（或曰"君子"，与"士君子"不同）之存在，认为他们的职事是"朝读书百篇，夕见漆十士"，他们"上无君上之事，下无耕农之难"。由此可见这批人不同于"士君子"，可以说"士君子"是当官的读书人，而学者阶级或"君子"是不当官的读书人，亦即现在所谓"学者"。墨子以为学者虽不事"耕农"之事，但其研究学问、教育民众之功，却大于耕农。学者"诵先王之道而求其说，通圣人之言而察其辞"，虽不耕而食饥（使饥者食），虽不织而衣寒（使寒者衣），"功贤于耕而食之、织而衣之者"，"虽不耕织乎，而功贤于耕织也"（《墨子·鲁问》）。这恐怕是中国文化首次肯定不当官的读书人之价值，首次肯定不当官的"君子"、不当官的学者之价值。仅此便足以奠定墨学之不朽价值。学者不耕织，功贤于耕织者；学者不耕而食饥、不织而衣寒，功贤于耕而食之、织而衣之者。依墨子此种逻辑推演下去，学者原是不必向"工农兵"学习、向"工农兵"看齐的，至少不必以在耕、织、战方面的不如"工农兵"为可耻。"教人耕"之功总是多于"独耕者"，"鼓而使众进战"之功总是多于"不鼓而使众进战而独进战者"。

墨子基于"职能主义"的宇宙观，强调天下万民各就其位、各司其职，但墨子却并不是一个"出身论者"。职分诚然是固定的，但承担此职分之人却并非固定。墨子之"能力本位"思想，恐怕在中国文化上是最早、最系统的。荀子"贤能不待次而举，罢不能不待须而废"（《荀子·王制》）的"能力本位"思想，恐怕就直接来源于墨子"尊尚贤而任使能"的主张。墨子有"不党父兄，不偏富贵，不嬖颜色"之言，有"贤者举而上之，富而贵之，以为官长；不肖者抑而废之，贫而贱之，以为徒役"之言，有"相率而为贤者"、"进贤"、"事能"之言，有"可使治国者使治国，可使长官者使长官，可使治邑者使治邑"（《墨子·尚贤中》）等言，这些极典型的"能力本位"话语，其对能力的强调，远远超过儒家"德治论"、"仁政论"等对能力的重视。墨子又提出"官无常贵而民无终贱，有能则举之，无能则下之"（《墨子·尚贤上》）之命题，更是其"能力本位"思想之经典表述。在这个命题之下，"农与工肆之人"可凭能力转换成"士君子"（即"领导"）。

凭什么能力？凭的就是"德"、"官"、"劳"、"功"①，凭的就是

---

① "以德就列，以官服事，以劳殿赏，量功而分禄。"——参见《墨子·尚贤上》。

"智"与"慧"。把"智"与"慧"明确列入"能力"的范畴,这在中国文化史上恐怕还是第一次。墨子说:"夫无故富贵面目佼好则使之,岂必智且慧哉?若使之国家,则此使不智慧者治国家也,国家之乱既可得而知矣。"(《墨子·尚贤中》)此处"智且慧"就是一种能力,以"不智慧者"治国家,就是以无能者治国家,如此则国家未有不乱者。墨子又说:"义不从愚且贱者出,必自贵且知者出,……夫愚且贱者不得为政乎贵且知者。"(《墨子·天志中》),此处又明言"知"乃能力之根本内容之一:"愚"总跟"贱"相联,"知"总跟"贵"相联。总之以"智且慧"或"知"为"能",以"不智慧"或"愚"为"无能",这在中国"德范式"占统治地位之思想文化史上,的确是一个伟大的见解,很不寻常。因为中国占统治地位的思想,是以"德"为"能",以"无德"为"无能"。

前文已言,墨子的主体思想是以"兼"为"大"而以"别"为"小",故"兼士"、"兼君"为"大人",而"别士"、"别君"为"小人"。他又有王公大人、士君子、农夫、妇人以及"学者"之职事的区分,强调各就其位、各司其职的"职能主义",此处各就其位就是"大",各不得其位就是"小";各司其职就是"大",各不得其职或各无以司其职就是"小"。他又有能力主义及以"智且慧"为能力之主张,此处有能力就是"大",无能力就是"小";有智有慧者就是"大",无智无慧者就是"小"。故墨子心目中的"君子"、"大人"是"执兼"之人,是有"智且慧"并能各安其职者,他和孔子心目中的"君子—大人",有根本不同的风格与内容。

墨子以"兼"为"大"的思想,在后期墨家①的思想中,得到了完整的发挥。"兼相爱"被发展成"周爱人",颇有了西方"博爱"的

---

① 指墨子死后墨家分离出的各派,学界一般认为今本《墨子》之《经上》、《经下》、《经说上》、《经说下》、《大取》、《小取》共六篇,属后期墨家著述。

意味。《经下》有"无穷不害兼"之言，说明"无穷"不是"兼爱"之障碍。《小取》有"获，人也，爱获，爱人也；臧，人也，爱臧，爱人也"之言，说明奴婢（即"获"、"臧"）亦在被爱之列。《经说上》有"使人如己"之言，《大取》有"爱人不外己，己在所爱之中，己在所爱，爱加于己"之言，说明爱人与爱己并不矛盾，说明推己及人之重要性。《经说上》有"爱己者非为用己也，不若爱马者"之言，说明爱人爱己不得如爱马一样，出于利用之目的，强调以爱本身为目的的重要性。合此数项，后期墨家终有"周爱人"之命题的提出，谓"爱人，待周爱人，而后为爱人；不爱人，不待周，不爱人"（《墨子·小取》）。

"周爱人而后为爱人"及"不待周不爱人"等观点的提出，把墨子之"兼士"、"兼君"、"执兼"的理想，提升到一个新的境界，几乎可与基督教之"博爱"境界并肩而立。这是一项了不起的进步。中国曾经有过"博爱"思想之萌芽，合观后期墨家"周爱人"之理想以及《礼记·大同》所述"大同"之理想，便知此言不虚。只是这萌芽没有生根，没有长大，而就突然被"爱有差等"的思想扼杀了。这是一件很可惜的事情。

四、老子以"不"为"大"

老子活跃于春秋末期，约在墨子与庄子之间。老子的追求是以"不"为"大"，而以"是"为"小"。何谓"不"，"不"就是"是"的反面，如先的反面是后，老子以"后"为"大"；实的反面是虚，老子以"虚"为"大"；有的反面是无，老子以"无"为"大"；福的反面是祸，老子以"祸"为"大"；进的反面是退，老子以"退"为"大"；生的反面是死，老子以"死"为"大"；如此等等，不一而足。可知老子心目中的"大人"，就是一个说"不"的人。

《庄子·天下》说老子"澹然独与神明居"，自然是谓其"大"；说他"建之以常无有"、"人皆取先，己独取后"、"人皆取实，己独取虚"、"人皆求福，己独曲全"等等，也是谓其"大"。故《庄子·天下》最终称老子为"古之博大真人"。著者以为"博大真人"，就可简称为"大人"。

老子以"不"为"大"的话，在《老子》书中随处可见，如"大白若辱"、"大方若隅"、"大器晚成"、"大音希声"、"大象无形"、"大成若缺"、"大盈若冲"、"大直若屈"、"大巧若拙"、"大辩若讷",等等;此外还有"明道若昧"、"进道若退"、"上德若谷"、"广德若不足"、"质真若渝"、"守柔曰强"、"以其终不自大,故能成其大"、"唯不争,故天下莫能与之争"、"欲先民,必以身后之"、"夫唯弗居,是以不去"等说法,表现的也是同一种思维方式。对此种思维方式如何解释,是一个很关键的问题。严灵峰老先生是从"逻辑"的角度来解释的,他把此种思维方式称为"反"的逻辑,以"甲是非甲"而有别于传统逻辑或形式逻辑的"甲是甲"或"甲非非甲"之命题形式①。台湾地区著名学者韦政通先生著《中国思想史》,也是想顺着严先生的思路,而从"逻辑"的角度予以说明。韦先生说:"柔与强、成与缺、盈与冲、直与屈、巧与拙、辩与讷、无为与有为等等,在一般的逻辑里是相反的;柔就不是强,成就不是缺,盈就不是冲,直就不是屈,……老子为什么偏要违拗常识,抛弃一般通行的规则,而提出一套所谓反的逻辑,来表达他的思想呢?这种乖异的表达方式,对他的思想本质是否必要呢?"(韦政通:《中国思想史》,143页)

　　这种从"逻辑"角度解读老子思维方式的做法,也许有相当道理,但却不容易解读清楚,以致只能用"违拗常识"、"乖异"、"吊诡"等词汇来描绘它。其实在著者的解读之下,这些词都是用不上的,换言之,老子的思维既不"违拗常识",也不"乖异",更不"吊诡"。老子之所以以"方"为"隅",因为他所说的"方"是"大方";老子之所以以"成"为"缺",因为他所说的"成"是"大成";老子之所以以"直"为"屈",因为他所说的"直"是"大直";老子之所以以"巧"为"拙",因为他所说的"巧"是"大巧";老子之

---

① 严灵峰:《老子达解》,388页,台北,艺文印书馆,1971.

所以以"辩"为"讷",因为他所说的"辩"是"大辩",如此等等,不一而足。理解老子思维方式的关键,就在一个"大"字。牢记这个"大"字,老子思想无所谓"乖异",无所谓"吊诡";忘记这个"大"字,才会说老子"违拗常识"。

以"小"言之,柔当然不是强,成当然不是缺,盈当然不是冲,直当然不是屈,巧当然不是拙,辩当然不是讷;但若以"大"为背景,柔正是强,盈正是冲,直正是屈,巧正是拙,辩正是讷。老子并没有说柔即强,而只说"守柔曰强"(守柔即大柔);老子并没有说成即缺,而只说"大成若缺";老子并没有说盈即冲,而只说"大盈若冲";老子并没有说直即屈,而只说"大直若屈";老子并没有说巧即拙,而只说"大巧若拙";老子并没有说辩即讷,而只说"大辩若讷"……。总之老子并没有说"甲是非甲",而只说"大甲是非甲";说"大甲是非甲",并没有否认"甲是甲"或"甲非非甲"。所以在老子的思想中,并不存在什么"反的逻辑",并不存在什么"违拗常识"的行为。老子的思维就是"常识"的思维。

一切误解的根源,就在于老子以"不"为"大"的思维方式,老子追求"大",所以他时常要说"不",这看上去确有些"乖异",确有些"吊诡"。但是以"不"为"大",依然只是"常识"的思维,不存在"违拗常识"的问题。我们不能说以"是"为"大"是"常识",而以"不"为"大"就不是"常识"。若只承认以"是"为"大"是"常识",我们就只能说"大白若白"、"大方若方"、"大成若成"、"大盈若盈"、"大直若直"、"大巧若巧"、"大辩若辩"等等,而这些说法才真是无意义,才真是"乖异",才真是"吊诡",才真是"违拗常识"。所以与其说以"不"为"大""违拗常识",不如说以"是"为"大""违拗常识"。老子的思维,就是真正意义上"常识"的思维。

韦政通先生分析老子思维方式的现实的、社会的与文化的原因，认为老子提出"反的逻辑"是为了反叛现实，满足"强烈的叛离要求"。韦先生说："老子的吊诡语言，也有类似的作用，不过他不主张出世，他向往的是一个不须心智造作，不须意志挣扎，而能符合自然的生活。前引'正言若反'的例句中，所谓明道、进道、上德、大成、大盈、大直、大巧、大辩，都是现实世界所特别重视特别追求的，要达到这些目标，必须经由心智的造作和意志的挣扎。这是老子所反对的。透过反的表达的方式，他所反对的反面，是昧、退、谷、缺、冲、屈、拙、讷，这是老子所特别重视特别追求的，因为它们接近自然。老子不用一般的方式，使用价值的判断，去否定他所反对的，而是企图用正言若反的方式，把所反对的转化成所赞赏的。"（韦政通：《中国思想史》，144页）

韦先生真是"大智若愚"：大成、大盈、大直、大巧、大辩等，既然是"现实世界所特别重视特别追求的"，则缺、冲、屈、拙、讷等，也必然就是"现实世界所特别重视特别追求的"，如此它们就成为老子所反对的东西，如何又说缺、冲、屈、拙、讷等，是"老子所特别重视特别追求的"？若老子追求缺、冲、屈、拙、讷等，他当然也就追求大成、大盈、大直、大巧、大辩等，此两种追求之间一定是一致的，而不是相反的。解开韦先生之"自相矛盾"、之"吊诡"的惟一办法，就是承认大成、大盈、大直、大巧、大辩等，不是"现实世界"的追求，不是"常人"的追求，不是"小人"的追求，而只能是老子的追求，"大人"的追求；老子追求大成、大盈、大直、大巧、大辩等，所以老子追求缺、追求冲、追求屈、追求拙、追求讷等。老子有这样的追求，所以老子不同于"现实世界"，不满足于"现实世界"；"现实世界"没有这样的追求，所以"现实世界"不"圣"、不"博"、不"大"。所以老子是"大人"，而"现实世界"是"小人"。

老子有一段以"大"喻"道"的话，常常被学者忽略其中的"大"字。老子曰：

> 有物混成，先天地生。寂兮寥兮，独立而不改，周行而不殆，可以为天下母。吾不知其名，强字之曰道，强为之名曰大。(《老子》第二十五章)

此处明白说明"道"就是"大"，"大"就是"道"。韦政通先生认为这句话是"表达本体论意义的道，这是最重要的一条"(韦政通:《中国思想史》，149页)。认为"道"有"本体论的意义"，几乎为学者所公认；著者现存疑，以为以"大"喻"道"，则"道"根本无所谓"本体论的意义"。此是后话，兹不详论。

除以"大"喻"道"外，老子还有所谓"视之不见名曰夷，听之不闻名曰希，搏之不得名曰微，此三者不可致诘，故混而为一"(《老子》第十四章)等说法，亦被许多学者认为是描述"形上道体"即"本体论"之道的话语。其实著者以为亦是以"大"喻"道"。"夷"、"希"、"微"等等，完全类似于上文所述缺、冲、屈、拙、讷等等，都是"大"的一种标志。就其均为"大"的标志而言，它们在质上是完全一样的，故老子把它们"混而为一"。"一"其实就是"大"。"一"之外，老子又有"道生一，一生二，二生三，三生万物"(《老子》第四十二章)之类的话，学者多从宇宙论、发生学的角度解读之，认为"一"是"道进入演化历程所表现的第一个型态"，"二"是"演化历程的第二个型态"，"三"是"第三个型态"(韦政通:《中国思想史》，150页)。其实老子哪能从宇宙论、发生学的角度去论"道"？"道生一"其实即是"道为大"，以"大"的视野去观察，"二"也好，"三"也好，"万物也好"，都只是"小"。"二"、"三"、"万物"其实就相当于前文所说的成、盈、直、巧、辩等,它们是实实在在的,但它们却不"大",或者说还不能"大"。

"道法自然"(《老子》第二十五章)是老子喻"道"的另一种说法。严灵峰先生对此的解释是:"自宇宙本体言之,则为'道';自演化的程序言之,则以'自然'为极致。"(《老子达解》之"自序")韦政通先生的解释是:"创生或演化的历程,不是突然地自无到有,它不服从任何人为的律则,自然就是它惟一的律则。"(《中国思想史》,152页)两先生依然从"演化的程序"、"创生或演化的历程"方面解读"道法自然"。其实"道法自然"的含义只是:"道"为"大"乃是它的本来,"道"而为"大"乃是最"自然"的事;"人为"总有欠缺,总是"小",人不管如何"巧夺天工",他总永远不可能达到"天工",更不可能超越"天工"。故"天"是"自然"而"人"是"不自然","道法自然"就是"道法天工","天工"是"大",故又是"道法大"。天地万物按其本来的样子而存在,不增一分,不减一分,那就是"大";有增有减,有损有益,那就是"小"。"道法自然"是法"大"而不是法"小"。

于是又产生一个问题:"道"是不是等于"无"?老子有"天下万物生于有,有生于无"(《老子》第四十章)之言,有"道常无为,无为而无不为"之言,有"无名天地之始,有名万物之母"(《老子》第一章)等言,好像"道"跟"无"是等同的。基此胡适先生说:"道即是无,无即是道。……老子把道与无看作一物。"(胡适:《中国哲学史大纲》,上卷58页)冯友兰先生亦说:"道即是无。"(《冯友兰:《中国哲学史》,204页)胡、冯两先生的说法对不对呢?当然是对的,但却是不全面的。相对于"有",我们可以说"道即是无";但跟"无"处于同一层次的概念还相当多,我们不能一概以"无"称之。如相对于"成",我们只能说"道即是缺";相对于"盈",我们只能说"道即是冲"

（老子本人就有"道冲而用之或不盈"之类的话，可为证明）；相对于"直"，我们只能说"道即是屈"；相对于"巧"，我们只能说"道即是拙"；相对于"辩"，我们只能说"道即是讷"，等等。从此角度说，"道"又未必全是"无"。"道"是"无"，"道"同时又是缺、冲、屈、拙、讷等。"道"是"无"，所以它能成"大有"；"道"是缺、冲、屈、拙、讷等，所以它能成"大成"、"大盈"、"大直"、"大巧"、"大辩"等。因"无"而有，因"缺"而圆，因"不"而是，因"非甲"而"大甲"。

以此角度考察老子所谓"反智"问题，可知此问题乃是一假问题。换言之，老子并不是"反智"的，而只是"反小智"。① 老子说"知者不博，博者不知"，又说"知者不言，言者不知"（《老子》第五十六章），所谓的"知"都是指"大知"而言。相对应的是"博"、"言"，这样的"知"就是"小知"。"大知"跟"小知"的根本区别是什么？著者以为在中国文化的系统中，能打通人与人、人与物、物与物之隔阂的"知"就是"大知"，反之就是"小知"。"科学"就只是"小知"而已。老子追求的"大知"，也不能超乎这个范畴之外。老子讲"绝圣弃知"（《老子》第十九章），讲"恒使民无知无欲也"（《老子》第三章），所说的"知"都是小知。老子又讲"大知"，如"不出户，知天下；……是以圣人不行而知，不见而名，不为而成"（《老子》第四十七章）一段话，其中的"知"就是"大知"；又如"智慧出，有大伪"（《老子》第十八章）一语，其中的"智慧"就是"大智大慧"。研究老子而不区分"大知"与"小知"，从同样的层面去看待所有的"知"，是无论如何讲不通的；从一般的角度说老子"反智"，无论如何也讲不通。

---

① 详论见本书第三章，此处不详论。

老子有言曰：

> 吾言甚易知，甚易行。天下莫能知，莫能行。言有宗，事有君。夫唯无知，是以不我知；知我者希，则我者贵。是以圣人被褐而怀玉。（《老子》第七十章）

若我们不区分"大知"与"小知"，如何能解读这段话中间几个不同的"知"？"天下莫能知"是指"大知"而言，"夫唯无知"亦是指"大知"而言；但"吾言甚易知"、"是以不我知"、"知我者希"等指的却是"小知"。韦政通先生把"吾言甚易知"的"知"以及"夫唯无知"的"知"同等看待，认为"这两个'知'的意义，不可能是直觉之知，而必是经验的认知"，并由此得出结论说："这样岂不是与反智的主张自相矛盾了？"（韦政通：《中国思想史》，157页）说它自相矛盾，其实就是"易知"与"无知"的矛盾，吾言既"易知"，又如何要"反智"？其实著者以为"无知"之知是"大知"，"易知"之知是"小知"；"小知"是"经验的认知"，"大知"则不是"经验的认知"。老子推崇"大知"而贬抑"小知"，肯定"大知"而反对"小知"，并不存在什么"自相矛盾"。

韦先生说："从老子以自然为宗的宇宙观，以及由这种宇宙观所决定的价值观，已可推理，老子的反对智性活动是必然的。"又说："很明显，老子的反智，有着强烈的反知识分子的倾向。"（《中国思想史》，154页）韦先生这两句话自然是没有错，但著者以为需改动几个字方为妥当。即把"反对智性活动"改为"反对小智活动"，把"反知识分子"改为"反现代式的知识分子"或"反小知识分子"。

老子以"不"为"大"的思维方式，体现在他思想的方方面面。如"大国"，他以为若"大国"能自处"下流"，就能获得天下归宗，并因而得其"大",故曰"大国以下小国,则取小国",又曰"大者宜为下"(《老子》第六十一章)。这就是以"下"为"大","下"在此处是"不"的一种方式。再如"水","水"之为"大",不因其"坚强"而因其"柔弱",故曰"天下莫柔弱于水,而攻坚强者莫之能胜"(《老子》第七十八章),又曰"天下之至柔,驰骋天下之至坚"(《老子》第四十三章)。"柔弱"在此处就是"不"的一种表现。再如"我","我"之为"大",不在我"有",而在我"无",故曰"我独昏昏"、"我独闷闷"、"我愚人之心"、"我独异于人",又曰"我无为"、"我好静"、"我无欲"等等。"昏昏"、"闷闷"等,在这里就是"不"的一种表现。总之"我"之为"大",不在"我"是大人,而在"我"是婴儿,以此老子常有"圣人皆孩之"、"复归于婴儿"等语。"婴儿"在此就是"不"的一种表现。

从以"不"为"大"的角度解读老子,老子会有另一种风貌。老子有天大、地大、人大的观念,这些所谓的"大",都无不以"不"为基础。"大人"之"大",更需以"不"为依据,故老子曰"圣人后其身而身先",又曰"欲先人,必以身后之",又曰"不敢为天下先,故能成器长"。总之"以退为进"、"屈以求伸"、"蛰以存身"之类,就是以"不"为"大"的具体方式。

五、庄子以"至人"为理想

若只用一个字描绘庄子（公元前369—公元前286）其人，最好的字是"大"字；若只用一个字描绘庄子思想，最好的字也是"大"字。离开"大"字而解读庄子，是毫无意味的。

韦政通先生认为"洞察万物的直觉力"与"纵横奔放的想象力"这两种能力，是"开创中国哲学重要的本钱"（《中国思想史》, 179 页），而这两项能力庄子都达到了高峰。宇宙间形上形下的区分，人世间内外、物我、人己等等的区分，在庄子通透的直觉中，一一化为"天地与我并生，而万物与我为一"（《庄子·齐物论》）的伟大胸襟。庄子想象力之伟大，可说是"游无穷之野"、"出六极之外"，中西哲学家罕能与其匹。著者曾谓庄子乃是"太空人"，就其视野之宏阔广大而言，是一点也不为过的。

庄子追求"大"，最有名的一段话是这样的："天地有大美而不言，四时有明法而不议，万物有成理而不说。圣人者，原天地之美，而达万物之理。是故至人无为，大圣不作，观于天地之谓也。"（《庄子·知北游》）俗世之美是"小美",天地之美才是"大美";俗世之法是"小法",四时之法才是"明法";俗世之理是"小理",万物之理才是"成理"。"圣人"甚至都不是最高的,因为他们只能原天地之"美",而不能原天地之"大美";因为他们只能达万物之理,而不能达万物之"成理"。只有"至人"、"大圣"才是庄子追求的目标,因为只有"至人"、"大圣"才能"观于天地",才能与天地"并生"、与万物"为一"。

"大人"境界最根本的内容之一,就是打破"人类中心论"的界限,而对天地万物一体平看。中国文化,整体上不以"人类中心论"为特色,中国文化中"大人"之"大",不是"大"在"人类中心论",而是"大"在"万物平等观",也就是老子所谓的"天大地大人亦大"。中国文化中第一个倡导"万物平等"的思想家是谁?是庄子。庄子撰《齐物论》,所谓"齐物"就是万物的平等与万物的一体。同时期的孟子注重人与禽兽之别,重视万物之间的不同等级;稍后的荀子更是把无生物、植物、动物和人类加以等级区分,认为"水火有气而无生,草木有生而无知,禽兽有生有知而无义,人有气有生有知亦且有义,故最为天下贵也"(《荀子·王制》)。"贵"是一种价值判断,以人为"最为天下贵",妨害了博大精神之培养,不合乎尊重生命与万物的伟大伦理精神,或曰"大伦理"精神。

谁能够把生物与非生物一体平看,谁能够把植物、动物与人类一体平看,换言之,谁能够把人与人之间、人与物之间、物与物之间的隔阂打通?答曰:第一个这样的人就是庄子。庄子曰:"故为是举莛与楹,厉与西施,恢诡谲怪,道通为一。"(《庄子·齐物论》)又曰:"以道观之,何贵何贱?"(《庄子·秋水》)厉是最丑之人,西施是最美之人,最丑与最美如何是一样?以"小视野"观之,当然不同;但若以"大视野"观之,就可以是一样。贵与贱、大与小、高与低等等之关系,亦然。"道"就是这样一种"大视野",简言之,"道"就是"大"。

故庄子特别强调"道通为一",强调"以道观之"。

"人类中心论"总喜欢时时处处从人类自身出发去考虑问题,以人类之标准为万物之标准,以人类之准则为万物之准则,庄子以为这是根本说不通的。他举人、鳅为例,问"民湿寝则腰病偏死,鳅然乎哉"?又举人、猿猴为例,问人"木处则惴慄恂惧,猿猴然乎哉?"人室居、鳅湿寝、猿猴木处,哪一种居住方式是"正处"?"人类中心论"只谓"室居"为"正处",说得通吗?吃的方面,"民食刍豢,麋鹿食荐,蝍蛆甘带,鸱鸦嗜鼠",此四者之间哪一个是"正味"?"人类中心论"只谓"刍豢"为"正味",说得通吗?人类以毛嫱西施为美,"鱼见之深入,鸟见之高飞,麋鹿见之决骤",此四者之间哪一个知"正色"?"人类中心论"只谓人之美感为"正色",说得通吗?故庄子总结说:"自我观之,仁义之端、是非之途,樊然淆乱,吾恶能知其辨?"(《庄子·齐物论》)自"小视野"观之,善恶是非有区别;自"大视野"观之,善恶是非无区别。可知"人类中心论"只是"小视野"之一种;自庄子之"大视野"观之,它不过就是一"偏",不过就是某个角度、某个层次的认识而已。

庄子有名言曰:"物无非彼,物无非是。自彼则不见,自是则知之。故曰彼出于是,是亦因彼。彼是方生之说也,虽然,方生方死,方死方生,方可方不可,方不可方可。因是因非,因非因是。是以圣人不由,而照之于天,亦因是也。"(《庄子·齐物论》)几乎所有的教科书或学者,都将庄子这段话解释成"相对主义"之代表作。其实说它是"相对主义",乃是自"小视野"而观之结果;若自"大视野"而观,哪里有什么"相对主义"?它就是实际的状态,就是"实然",就是本来的样子,它不仅不是"相对主义"的,反而是"绝对主义"的。

关于"道"之为"大",庄子也有充分的说明。道"在太极之先而不为高,在六极之下而不为深,先天地生而不为久,长于上古而不为老"(《庄子·大宗师》),是"大"的一种表现;"道无终始"(《庄子·秋水》),是"大"的一种表现;道"充满天地,包裹六极"(《庄子·天道》),是"大"的一种表现;"且道者,万物之所由也"(《庄子·渔父》),是"大"的一种表现;"夫道,于大不终,于小不遗,故万物备,广广乎其无不容也,渊乎其不可测也"(《庄子·天道》),是"大"的一种表现;道"无所不在"(《庄子·知北游》),是"大"的一种表现;甚至"曲士不可以语于道"(《庄子·秋水》)之言也是要表达"道"之"大",因为"曲士"就是"小人","小人"不懂"道",只是反衬"道"之"大"而已。

庄子对儒家所谓的"君子"持否定态度,如他说"圣人之利天下也少,而害天下也多"(《庄子·胠箧》),又说王子比干、伍子胥等"世之所谓忠臣者,……卒为天下笑"(《庄子·盗跖》),等等。但庄子也有自己的"君子"说法,他是从"至人"、"大人"的层面,谈自己心目中之"君子"的。他有"圣人不从事于务"(《庄子·齐物论》)之言,"务"是具体事务,是"小事","不从事于务"当然就是"大"。庄子又有"君子不得已而临莅天下,莫若无为"(《庄子·在宥》)及"不得已而后起"(《庄子·刻意》)等言,也是表现君子之"大"的,"不得已"、"知其不可奈何而安之若命"(《庄子·人间世》)之类,就是一种"大"。

庄子又用"当时命而大行乎天下,则反一无迹;不当时命而大穷乎天下,则深根宁极而待"(《庄子·缮性》)之言,描写"古之所谓隐士"。此处"古之所谓隐士",不过就是庄子心目中"君子"、"大人"的另一名称,故有"大行"、"大穷"之说。庄子又有"圣人之心静乎,天地之鉴也,万物之镜也"(《庄子·天道》)之言,亦是言"君子"之"大",因为"小人"只能或不为名动心,或不为利动心,或不为色动心,却无法做到不为万物动心。鉴天地之变,观万物之化,不为万物动其心,只有"大人"才能做到,故庄子谓之"天地之本,而道德之至"(《庄子·天道》)。此外庄子还有"同于大通"(《庄子·大宗师》)、"入于不生不死"(《庄子·大宗师》)等语,亦足以形容"君子"之"大"。

关于死生的问题,庄子亦主张"大死大生"。"大死"不是不死,而是不以死为死;"大生"不是一般的苟活,而是"与天地并生"。能够做到"大死大生",境界可谓到顶了。庄子有言曰:"……参日而后能外天下;已外天下矣,吾又守之,七日而后能外物;已外物矣,吾又守之,九日而后能外生矣;已外生矣,而后能朝彻,朝彻而后能见独,见独能无古今,无古今而后能入于不死不生。"(《庄子·大宗师》)人而"入于不死不生"的境界亦即"大死大生"境界,是最难的,其次是"无古今",其次是"见独",其次是"朝彻",其次是"外生",其次是"外物",最后是"外天下"。庄子以为"外天下"反而比"外死生"容易得多。

庄子讲"大死"最有名的一段话是:"吾以天地为棺椁,以日月为连璧,星辰为珠玑,万物为赍送,吾葬具岂不备耶!"(《庄子·列御寇》)天地万物不过是他的一副葬具,这"死"是何其伟大,这"生"又是何其伟大!从"小视野"去看,有聚有散,有存有亡,有生有死,生可喜而死可哀;但从"大视野"去看,个人之聚散、存亡与生死,不过是整体生命或"大生命"成长的一环,一环扣一环,"大生命"才有可能永远不息。如此则"小生命"之"死",乃是为着"大生命"之"生";无"小生命"之不间断的"死",就无"大生命"之永远不息。从此角度看,"小生命"之"生"何喜之有,"小生命"之"死"又何哀之有?生生死死又何足拌于心?

庄子讲"死生为一条"(《庄子·德充符》),讲"死生存亡一体"(《庄子·大宗师》),讲"万物一府,死生同状"(《庄子·天地》)等,都是就"小生命"与"大生命"的这个传承与循环而说的。没有这个传承与循环,就没有所谓"大生";没有这个传承与循环,也就没有所谓"大死"。这就叫做死生问题上的"大视野"。有了这个"大视野",庄子的"齐生死"、"不死不生"等说法,就不是谬谈;没有这个"大视野",庄子妻死鼓盆而歌的事,就变得不可思议。

总之没有这个"大视野",整个一部《庄子》就是不可理喻的。不以这个"大视野"去解读它,它不过一堆"乱码"而已,毫无意义!

六、惠施以"泛爱"为"大"

惠施（公元前370—公元前300或公元前310）著名的"历物十事"，著者以为件件都是"大视野"的产物。（一）"至大无外，谓之大一；至小无内，谓之小一。"是讲"至大"与"至小"、"大一"与"小一"之间的关系，"至大"就是自"大视野"而观的"大"，"大一"就是自"大视野"而观的"一"。（二）"无厚，不可积也，其大千里。"是讲"原"与"大"的关系，惟其"无厚"，方能"大千里"，若其有原，则其"大"有限。（三）"天与地卑，山与泽平。"从"小视野"去看，此说违背常识，因为天不与地卑，山不与泽平；但若从"大视野"去看，天地之差、山泽之别是可以忽略不计的。（四）"日方中方睨，物方生方死。""睨"即斜，太阳如何在正中之时又是斜照，万物如何在正生之时又是正死？以"小视野"观之，不可思议；若以"大视野"观之，理所当然。注意这不是什么"辩证法"。"辩证法"虽承认"方中方睨"、"方生方死"，但却不承认中非睨、方非死。（五）"大同而与小同异，此之为小同异；万物毕同毕异，此之谓大同异。""大同"是大部分相同,"小同"是小部分相同,二者之间有差异,谓之"小同异";"毕同毕异"是完全相同、完全相异,二者之间有差异,谓之"大同异"。"大同"、"小同"、"小同异",是自"小视野"而观之结果;"毕同毕异"、"大同异",是自"大视野"而观之结果。

(六)"南方无穷而有穷。"自"小视野"观之,是"无穷";自"大视野"观之,是"有穷"。如万米路途,自蚂蚁观之,为"无穷";自宇航员在太空观之,为"有穷"。又如相对论谓"宇宙有限而无边",其义类似。(七)"今日适越而昔来。"是讲"今"、"昔"之相对性。此尚不需太大视野,以今日飞行时差即可证明之:现在时间是2003年5月1日,飞行10小时至美国,却是2003年4月30日。站在中国的角度就是"今适而昔来"。5月1日出发,行程一天,理应到了5月2日;现在不仅不是5月2日,反而退回到4月30日。这违背"常识"吗?是违背"常识",但却不违背"大视野"。(八)"连环可解也。"两个相扣之圆环若很小,便不可解。若将其放大,放大至无限,便迎刃而解。自"小视野"观之,不可解;自"大视野"观之,"可解也"。(九)"我知天下之中央,燕之北,越之南是也。"地理上燕在中国之北,越在中国之南,"燕之北越之南"是南辕而北辙,如何能成立?韦政通先生认为此说是为了"破除这种我族中心的想法",以免"妨碍对天下对世界的客观认知"(《中国思想史》,232页)。其实也许没有这么复杂,因为自"大视野"而观,"燕之北越之南"乃是一个实际存在的状态,从"燕之北"出发绕到地球的另一边,一定可到达"越之南"。这里一点"吊诡"也没有,用中学的地理教科书就能说明它。也许有人会反驳说惠施那时并不知道地球是圆的,如何会有如此之想法?吾只能答曰:这正是中国思想伟大的地方;庄子亦不是"宇航员",却时时处处具有"宇航员"的

"太空视野"。(十)"泛爱万物,天地一体也。"这几乎是"历物十事"的一个总结性说明。一切的一切,都要落实到"泛爱万物"之上;若达不到这个目的,任何的"大视野"都将失去意义。"泛爱万物,天地一体",这就是中国文化所追求的"大","泛爱"就是"大爱"。这种"大"与庄子"天地与我并生,而万物与我为一"所要求的"大",与老子"大甲是非甲"所要求的"大",完全是一样的;而韦政通先生却说"意义完全不同"(《中国思想史》,232页)。故在此处著者"完全"不同意韦先生的观点。

著名学者胡适先生曾谓"惠施的学说,归到一种泛爱万物的人生哲学"(《中国哲学史大纲》,上卷)。著名哲人冯友兰先生又谓"惠施之观点,注重于个体;个体常变,故惠施之哲学,亦可谓为变之哲学",并认为"公孙龙之哲学亦可谓为不变之哲学"(《中国哲学史》,276页)。胡先生的评价是对的,但不全面;因为"泛爱万物"的"大视野"就象一架天文望远镜,它可以观照视野中的一切,包括人生,也包括物质、运动、时间、空间,连同政治、社会、法律,等等。冯先生的评价也许有一定道理,但这个道理却是很不好讲:"天与地卑,山与泽平"如何是"变之哲学","燕之北,越之南"如何是"变之哲学","泛爱万物,天地一体"又如何是"变之哲学"?一切不过是因为"视野"的不同,惠施力图跳出"小视野"而以"大视野"为依归,如何就成了"变之哲学"?

七、孟子以"大丈夫"为理想

孟子（公元前372—公元前289）是中国文化史上最具"大气象"的思想家之一。其思想之宏大，视野之开阔，目光之深远，在中国文化史上是不多见的。恐怕只有道家的庄子、释家的慧能等少数几人，能够和孟子相提并论。

孟子也有"君子"之追求，不过"君子"在他这里具体化为了"大丈夫"。孔子之"君子"是"道德人"与"政治人"的一个综合，孟子的"大丈夫"也是"道德人"与"政治人"的一个综合，只是"大丈夫"比"君子"性格更刚烈，意志更坚定。

就政治上来说，孟子以为"大丈夫"是一定要谋求官位的，但却不贪恋官位。为什么要谋求官位？就因为"大丈夫"不谋得官位，便无以施展其抱负，便无以表现其"大"。孟子说"士之失位也，犹诸侯之失国家也"《孟子·滕文公下》，就是表示"位"对于"士"、对于"大丈夫"有相当的重要性。"大丈夫"之本职工作就是"治人"，"大丈夫"不做官便无以"治人"，一如农民不种田、工人不做工便无以生存一样。"大丈夫"是"劳心者","劳心者治人,劳力者治于人",乃亘古不变之定理。

为什么"大丈夫"又不贪恋官位?就因为"大丈夫"做官不是为了谋生,更不是为了发财。"大丈夫"之"大",正在于他是不谈"利"字的,谈"利"谈"财"的丈夫不是"大丈夫",谈"利"谈"财"的官不是"大官"。"大丈夫"做官,是要做"大官",他做"大官"的惟一目的是施展自己的政治抱负,"利"与"财"是永远不计较,也永远不值得计较的。孟子有言口:"仕非为贫也,……为贫者,辞尊居卑,辞富居贫。辞尊居卑,辞富居贫,恶乎宜乎,抱关击柝。"(《孟子·万章下》)"抱关击柝"就是守门打更,你若为"脱贫"而做官,就作一个守门打更者算了,或者作一个"委吏"(仓库管理员)、"乘田"(牲畜管理员)之类的小官算了,千万不要去做"大官"。孟子接着又说:"位卑而言高,罪也;立乎人之本朝而道不行,耻也。"(《孟子·万章下》)为"脱贫"而做官,计较"利"与"财",同时却又高谈理想,这是一种罪过;在君主身边、在朝廷之上做"大官",同时却又不谈政治理想,或虽谈却无力实现之,这是一种耻辱。"位卑而言高",那不是"大丈夫";"位高而言卑"或"位高而道不行",那也不是"大丈夫"。"大丈夫"之"大"正在于他既要"位高",又要"言高"或"道行"。

"大丈夫"不贪恋官位,就是决不为做官而做官。待我有礼,说话算数,我就去做;待我虽有礼,但说话不算数,我就不去做。退一步,虽说话不算数,但迎接时恭敬有加,我就去做;不再对我有礼了,我就离开。再退一步,饥寒交迫时君主引咎于自身,说"吾耻之",并有接济,我也可以勉强去做,不过只是"免死而已矣"(《孟子·告子下》)。这就是孟子著名的"所就三,所去三"之做官原则。"大丈夫"不贪恋官位,就是有条件地去做官,而不是无条件地去做官。

孟子把这叫做"可以速而速,可以久而久,可以处而处,可以仕而仕"(《孟子·万章下》),自古以来能做到这一点的,孟子以为只有孔子。

就人格而言,"大丈夫"在任何情形下都是"至大至刚"的。孟子说"富贵不能淫,贫贱不能移,威武不能屈,此之谓大丈夫",是就任何环境而言的。有顺境,有逆境,"富贵"是顺境,"贫贱"是逆境,"威武"又是逆境。不论是在顺境还是在逆境中,始终坚持自己的理想不动摇,天崩地裂,永不放弃,这才是"大丈夫"。经得起顺境而经不起逆境者,不是"大丈夫";经得起逆境而经不起顺境者,同样亦不是"大丈夫"。"大丈夫"的人格,一定是双面坚强的,"得志泽加于民,不得志修身见于世","穷则独善其身,达则兼济天下"(《孟子·尽心上》),"得志与民由之,不得志独行其道"(《孟子·滕文公下》),"达不离道,穷不失义"(《孟子·尽心上》)。只有一面坚强的丈夫,不是"大夫夫"。

"大丈夫"一定是成就于艰苦的环境。孟子曰:"天将降大任于斯人也,必先苦其心志,劳其筋骨,饿其体肤,空乏其身,行拂乱其所为,所以动心忍性,增益其所不能。"(《孟子·告子下》)"大丈夫"一定有勇敢的品格,"志士不忘在沟壑,勇士不忘丧其元"(《孟子·滕文公下》)。"大丈夫"永远不自暴自弃,"自暴者不可与有言也,自弃者不可与有为也。言非礼义谓之自暴也,吾身不能居仁由义谓之自弃也"(《孟子·离娄上》)。总之"大丈夫"是"先立乎其大者"的人,是"舍生而取义"的人,是"非其道则箪食不可受于人"(《孟子·滕文公下》)的人,是"不挟长,不挟贵,不挟兄弟而友"(《孟子·万章下》)的人,一句话,是"顶天而立地"的人。

有什么东西不能使人"大"?有很多东西不能使人"大",其中"欲"或"物欲",在孟子看来又是最大之危险。人心之"善端"犹如嫩芽,很容易遭摧残,"物欲"就是"善端"的最大敌人,是最有可能"陷溺"、"梏亡"、"丧失"人之"善端"的外部环境。"善端"丧失了，不仅做不成"大人"，连"小人"也做不成；"小人"做不成，那就是"禽兽"。如此则孟子特别关注"物欲"问题。东汉思想家王充（27—约97）又称孟子之"物欲"为"物乱"，认为孟子的工作就是解决这"物乱"问题。王充说："孟子作性善之篇，以为人性皆善，及其不善，物乱之也。"（王充《论衡·本性》）"物"就是"物欲"，"乱"就是戕害，"物乱之"就是"物欲"戕害"善端"。王充对于孟子的此种理解，基本上是准确的。孟子总以为"不善"乃是环境之罪，"无恒心"乃是"无恒产"之罪，"恶"乃是"利"或"物欲"之罪，总之都是外部环境之罪。既如此，整治外部环境，也就成为培养"大人"的必然之举。基于此孟子才有"善政不如善教之得民也"（《孟子·尽心上》）之言，把"善教"之地位首次提升到"善政"之上。

要成为"大人"，首先就要解决这个"欲"字，解决的办法是"寡欲"。孟子以为"欲"和"善"是一种反比关系，"欲"多则"善"寡，"欲"寡则"善"多，故他有"养心莫善于寡欲"之言。他说："养心莫善于寡欲：其为人也寡欲，虽有不存焉者，寡矣；其为人也多欲，虽有存焉者，寡矣。"（《孟子·尽心下》）"存焉"就是存善性、存善端、存善德，寡欲之人也许有不存者，但不多；多欲之人也许有存者，亦不会多。故"大人"是不能有"欲"的。"欲"之外是"气"，孟子强调"浩然之气"，可知"气"亦是"大人"的必备条件之一。"气"可以是晦暗之气，亦可以是"浩然之气"，前者使人"小"，而后者使人"大"。孟子曰："至大至刚，以直养而无害，则塞于天地之间。"（《孟子·公孙丑上》）就是从"大"的角度来谈"气"的。"气"之外是"志"，孟子以为"大人"的惟一使命就是"尚志"，而"尚志"就是"居仁由义"（《孟子·尽心上》），就是"舍生而取义"（《孟子·告子上》），就是"以身殉道"（《孟子·尽心上》），就是"生于忧患，死于安乐"（《孟子·告子下》），等等。"志"之外是"义"，"义者，人之正路也"（《孟子·离娄上》），"义"亦是成为"大人"的必备条件，故孟子曰："大人者，言不必信，行不必果，惟义所在。"（《孟子·离娄下》）为了"义"可以牺牲"信"，一个"大人"在"不义"情形下，是可以"不信"的。"义"之外是"耻"，孟子有"耻之于人大矣"、"不耻不若人"（《孟子·尽心上》）等言，说明"耻"之于"大人"不可或缺。孟子讲"人不可以无耻，无耻之耻，无耻矣"（《孟子·尽心上》），就是强调"耻"对于"人"、对于"大人"的重要性。"知耻"的人能够做到"过则改之"（《孟子·公孙丑下》），能够做到"人告之于有过则喜"，能够做到"闻善言则拜"，能够做到"乐取于人以为善"，能够做到"取诸人以为善"同时又"与人为善"（《孟子·公孙丑上》），这样的人当然会成为"民皆仰之"（《孟子·公孙丑下》）的"大人"，至少有相当高的可能性。

孟子有"钧是人也，或为大人，或为小人"之言，又有"劳心者治人，劳力者治于人"之言，可知孟子基本上是把天下万民分为两大类：一类是治者，他称为"大人"、"劳心者"、"君子"等；一类是被治者，他称为"小人"、"劳力者"、"野人"等。二者各有分工，前者用脑力，负治理之责；后者用体力，负供养之责。跟墨子一样，孟子也认为这两类人可以互相转化，即"小人"、"野人"可以通过自己之努力，把自己变成"大人"、"君子"，甚至变成"圣人"。反之亦然。孟子举例说："舜发于畎亩之中，傅说举于版筑之间，胶鬲举于鱼盐之中，管夷吾举于士，孙叔敖举于海，百里奚举于市。"这些都是"小人"变"大人"的例子。

具体如何变？孟子以为变的原则大致就是"从其大体为大人，从其小体为小人"。换言之，孟子以为人都有成为"大人"之可能性，亦都有成为"小人"之可能性，关键看人自己如何去运用。"反求诸己"、"厚于责己"、"自反"等等，是其中的基本要求。孟子有一名言曰:"学问之道无他,求其放心而已矣。"一切内在于人自身,能尽"心"之功用就是"大人",不能尽"心"之功用就是"小人"或"禽兽"。故孟子曰:"先立乎其大者,则其小者不能夺也,此为大人而已矣。"

孟子之志向是以孔子为榜样,"乃所愿,则学孔子也"(《孟子·公孙丑上》)。孔子有什么可学?孟子以为可学的地方多得很。孟子对孔子的称颂,超过其他任何人。孟子虽以孔子、伯夷、伊尹并称,谓其"皆古圣人",但他并非同等看待。他以为孔子既能表现伯夷之"清",又能表现伊尹之"任",还能表现柳下惠之"和",乃是"圣人"人格之"集大成者"。他不仅以"进以礼,退以义"(《孟子·万章上》)称颂孔子,还以"自有生民以来,未有孔子也"(《孟子·公孙丑上》)之言评价孔子,把孔子之地位,推崇到无以复加的程度。但我们细考孟子的学说,发现他对于孔子的思想,却并非全盘承受,而是有所取又有所舍。

他承受了孔子"仁政"学说,谓"三代之得天下也以仁,其失天下也以不仁"(《孟子·离娄上》),谓"国君好仁,天下无敌"(《孟子·离娄上》),又谓"惟仁者宜在高位";他承受了孔子"不行道则不出仕"的思想,从孔子"用之则行,舍之则藏"(《论语·述而》)的观念中,发展出"穷则独善其身,达则兼善天下"、"得志泽加于民,不得志修身见于世"等主张;他承受了孔子"君臣互礼"的思想,从孔子"君使臣以礼,臣事君以忠"(《论语·八佾》)之观点中,发展出"民为贵,社稷次之,君为轻"(《孟子·尽心下》)等主张;他承受了孔子"杀身成仁"思想,从孔子"无求生以害仁,有杀身以成仁"、"君子无终食之间违仁,造次必于是,颠沛必于是"(《论语·里仁》)等观点中,发展出"二者不可得兼,舍生而取义者也"(《孟子·告子上》)、"富贵不能淫,贫贱不能移,威武不能屈"等主张;他承受了孔子"当仁不让于师"

之观念，发展出"如欲平治天下，当今之世，舍我其谁也"《孟子·公孙丑下》）等主张。

　　总之他从孔子那里承受下来的，全都是有助于其"君子"、"大人"学说之创建的。他和孔子有区别，如孔子不认人性为全善而孟子认为是，如孔子注重言行对称而孟子则注重知言对举，如孔子重"学"而孟子重"思"等等，但这些区别全都无害于其"君子"、"大人"学说之创建。有助于"君子"、"大人"的，孟子就承受；无助于"君子"、"大人"的，孟子就舍弃。可知孟子建立其"君子"、"大人"之理论，建立其"大丈夫"之理论，是完全自觉的、有意识的。可以说就是孔子"君子"、"大人"学说之发展。

八、荀子以"圣人"、"大儒"为终极目标

荀子（公元前313—公元前238）也讲"君子"，但"君子"却不是荀子追求的终极目标。荀子有"始乎为士，终乎为圣人"（《荀子·劝学》）之言，表示"士"只是起点，"士"与"君子"同，表示"君子"只是荀子追求的起点。前述孔、墨、孟诸子，都以"小人"、"野人"为起点，认为"小人"可以变"大人"，"野人"可以变"君子"。现在荀子把起点提高了："小人"、"野人"不再是他追求的起点；他追求的起点是高于"小人"、"野人"的"士"或"君子"。所以"君子"在这里只是一个起码的要求，只是一个"下限"，谈不上是一个追求。

荀子有"君子，小人之反也"（《荀子·不苟》）之言，讲明"君子"乃是相对于"小人"而言的一种人；"君子"与"士"属同一范畴，故"士"亦是相对于"小人"而言的一种人。"小人之反"，换言之，相对于"小人"而言者，是不是就是"大人"呢？荀子没有明说。若是，则"大人"便是荀子追求的"下限"了。"士"有"通士"、"公士"、"直士"、"悫士"等之区分，但无论如何，只

要是"士",就有其共性。荀子以为"士"之共性至少有:(一)"上则能尊君,下则能爱民,物至而应,事起而辨"(《荀子·不苟》),这是能力方面;(二)"能则宽容易直以开道人,不能则恭敬縛绌以畏事人"(《荀子·不苟》),这是品性方面;(三)"知之曰知之,不知曰不知,内不自以诬,外不自以欺"(《荀子·儒效》),这是知识方面。同理,与之相对的"小人"亦有其共性,如"言无常信,行无常贞,惟利所在,无所不倾"(《荀子·不苟》),如"能则倨傲避违以骄溢人,不能则妒嫉怨诽以倾覆人"(《荀子·不苟》),等等。

荀子之追求,是以具上述特征之"士"为起点,而不是以具上述特征之"小人"为起点。荀子又有"俗儒"一说,其特征与"小人"相类,这样的"俗儒"亦不是荀子追求的起点。"俗儒"又称"贱儒",其特征一是"其衣冠行伪已同于世俗矣,然而不知恶"者,二是"其言议谈说已无异于墨子矣,然而明不能别",三是"呼先王以欺愚者而求衣食焉,得委积足以掩其口,则扬扬如也",四是"随其长子,事其便辟,举其上客,偲然若终身之虏而不敢有他志"(《荀子·儒效》)。"偲然若终身之虏而不敢有他志"之人,是不可教的,因而不可能是起点。起点至少应是"士",是"君子",是"雅儒"。"士"的层次高于"小人","雅儒"的层次高于"俗儒"。"雅儒"与"士"属同一层次,故"雅儒"亦可作为起点。"雅儒"的特征一是"法后王,一制度,隆礼义而杀诗书,其言行已有大法矣",二是"明不能齐法教之所不及,闻见之所未至,则知不能类也",三是"知之曰知之,不知曰不知,内不自以诬,外不自以欺,以是尊贤畏法而不敢怠傲"(《荀子·儒效》)。与"偲然若终身之虏而不敢有他志"的"贱儒"相比较,"尊贤畏法而不敢怠傲"之"雅儒",毕竟处于更高层次,是完全可教的。

"始乎为士"是讲起点,以"士"、"君子"、"雅儒"为起点。"终乎为圣人"才是讲终点,以"圣人"、"大人"为终极目标。荀子以"圣人"为目标,追求相当高远,很不容易达到。因为荀子以为"圣人"在"德"上要同于上帝,在"位"上要同于皇帝,是最高之"德"与最高之"位"的综合体。这样的"圣人"当然是万不一求的。当然这是中国文化对"圣人"提出的最高标准,是理论上的标准;实行起来可以降格以求,可以有一个较低标准或最低标准,即所谓"底线"。荀子大抵是从较低标准来讲"圣人"的:

（一）荀子有"好法而行,士也；笃志而体,君子也；齐明而不竭,圣人也"（《荀子·修身》）之言,是说"圣人"相对于"士"、"君子"有"智"上的优势,即知识上的优势,既能"好法而行"、"笃志而体",又能思维敏捷,智慧无穷。

（二）荀子又有"圣人知心术之患,见蔽塞之祸,故无欲无恶,无始无终,无近无远,无博无浅,无古无今,兼陈万物而中悬衡焉"（《荀子·解蔽》）之言,是说"圣人"有"识"上的优势,即见识上的优势,既能认识到此,同时又能认识到彼,而可免去片面之弊端。与"士"、"君子"不同,"圣人"在认识到"始为蔽"的同时,又能认识到"终为蔽"（《荀子·解蔽》）,故能做到"无始无终"；在认识到"远为蔽"的同时,又能认识到"近为蔽",故能做到"无远无近"；在认识到"博为蔽"的同时,又能认识到"浅为蔽",故能做到"无博无浅"；在认识到"古为蔽"的同时,又能认识到"今为蔽",故能做到"无古无今"。所有这一切,均是"圣人"的不寻常处,是"士"、"君子"等无法做到的。

（三）荀子又有"修百王之法若辨白黑,应当世之变若数一二,行礼要节而安之若生四枝,要时立功之巧若诏四时,平正和民之善亿万之众而博若一人,如是则可谓圣人矣"（《荀子·儒效》）之言,是说"圣人"有"事功"上的优势,有"能力"上的优势,对天下大事能运筹自如,而使"亿万之众而博若一人"。举重若轻,举一反三,四两拨千斤等等,正是"圣人"的特色。

(四)荀子又有"圣人也者,道之管也"(《荀子·儒效》)之言,大概是说"圣人"有"德"、"道"上的优势。"道之管"一如说"道之总汇",是说"圣人"乃集一切"德"、"道"于一身,而成为美德、美道的化身。

综上所述,荀子谓"圣人"有"智"、"识"上之优势,此即所谓"立言";有"事功"、"能力"上之优势,此即所谓"立功";有"德"、"道"上之优势,此即所谓"立德"。"立德"、"立功"、"立言"既被称为"三不朽","圣人"能成就"不朽"之盛业,则其地位当然既高于"士"、"君子",更高于"小人"、"野人"。

此外荀子还有"大儒"一说,"大儒"之特性与"圣人"类似,亦是荀子心中的理想目标。"大儒"的特性一是"法先王,统礼义,一制度",二是"以浅持博,以古持今,以一持万",三是"卒然起一方则举统类而应之,无所儗怍",四是"张法而度之则晻然若合符节"(《荀子·儒效》),总之"大儒"是以德才兼备见长。荀子追求的理想人格,当然是有"德"的,但同时又有"知"、有"识"、有"功",可见荀子心目中之"圣人"、"大人",比孔子之"君子"和孟子之"大丈夫",有更高的要求、更全面的发展,更接近现代教育所要求的全面发展目标。

荀子曾提出"人有气有生有知亦且有义,故最为天下贵"(《荀子·王制》)之命题,此处之"人"指的是"小人"、"野人"、"俗儒"、"士"、"君子"、"雅儒",还是"大人"、"圣人"、"大儒"呢?荀子没有明说。但据其语意推断,应该是指"大人"、"圣人"、"大儒"而言;只有这样的"人",才真能"最为天下贵"。荀子曰:"水火有气而无生,草木有生而无知,禽兽有知而无义,人有气有生有知亦且有义,故最为天下贵也。"(《荀子·王制》)"小人"、"野人"、"俗儒"类似于草木，仅有"生"而已矣；"士"、"君子"、"雅儒"可比之于禽兽，仅有"知"而已矣；惟"大人"、"圣人"、"大儒"在有气有生有知的基础上，还有"义"，故"最为天下贵"。荀子又说："力不若牛，走不若马，而牛马为用，何也？曰人能群，彼不能群也。人何以能群？曰分。分何以能行？曰以义。"(《荀子·王制》)人所以能战胜水火的关键是有"生"，所以能战胜草木的关键是有"知"，所以能战胜禽兽的关键是有"义"。以此则可断言，有"义"则"大"，无"义"则"小"。故荀子总结说："故义以分则和，和则一，一则多力，多力则强，强则胜物，故宫室可得而居也。故序四时，裁万物，兼利天下，无它故焉，得之分义也。故人生不能无群，群而无分则争，争则乱，乱则离，离则弱，弱则不能胜物，故宫室不可得而居也。不可少顷舍礼义之谓也。"(《荀子·王制》)"不可少顷舍礼义"乃是人之所以"最为天下贵"的关键：无"礼义"则人同格于水火、草木与禽兽，何"贵"之有？何"最贵"之有？"礼义"是否即是"德"，兹不敢断言，但"礼义"至少是"德"之一种。可知荀子所追求的理想人格，依然是以"德"为核心，这恐怕也是荀子所以被归属儒家的主要原因。

荀子重"德"，所以重"内省"，重"参省乎己"，重"修其内"，重"志意修"等，故荀子有"化性"之言，有"治情"之言，有"道欲"、"治气养心"等之言。他讲"君子务修其内而让之于外，务积德于身而处之以遵道"，讲"积礼义而为君子"，讲"志意修则骄富贵矣，道义重则轻王公矣，内省则外物轻矣"等，强调的都是同一个道理。荀子又有"禹稷颜回同道，易地则皆然"之言，讲学者于国家、社会，不为政治家则为教育家，此外别无他任；政治家美政，教育家美俗传道，其所需本领完全一致，这就是"德"。有"德"就能走遍天下，故荀子有言："农精于田而不可以为田师，贾精于市而不可以为贾师，工精于器而不可以为器师。有人也，不能此三技而可使治三官，曰：精于道者也，精于物者也。"（《荀子·解蔽》）农、贾、工三官，精通此三技，却不可以为"师"，何也？曰：无"德"也。无德者，就算精通此三技，亦不可以为"师"；有德者，就算"不能此三技"，亦可以为"师"。可见荀子重"德"之一斑。

养成"德操"，是荀子一贯的坚定目标。在相当程度上，"德操"甚至已经变成一种意志，一种顽强的意志。故荀子有言曰："权利不能倾也，群众不能移也，天下不能荡也，生乎由是，死乎由是，夫是之谓德操。"（《荀子·劝学》）此处之"德操"有点类似于孟子"大丈夫"的人格。有此顽强意志，则道德能圆成；无此顽强意志，则断难道德完善。基于此荀子曰："德操然后能定，能定然后能应，能定能应，夫是之谓成人。"（《荀子·劝学》）"成人"至少不再是"小人"、"野人"与"俗儒"。

除开"小人"、"野人"、"俗儒"而外，"士"、"君子"、"雅儒"与"大人"、"圣人"、"大儒"之间可以相互转化吗？荀子明言：可以！至少"士"、"君子"、"雅儒"可以转化成为"大人"、"圣人"、"大儒"。于"血气刚强"者，只要"柔之以调和"，就能"大"；于"知虑渐深"者，只要"一之以易良"，就能"大"；于"勇胆猛戾"者，只要"辅之以道顺"，就能"大"；于"齐给便利"者，只要"节之以动止"，就能"大"；于"狭隘褊小"者，只要"廓之以广大"，就能"大"；于"卑湿重迟贪利"者，只要"抗之以高志"，就能"大"；于"庸众驽散"者，只要"劫之以师友"，就能"大"；于"怠慢僄弃"者，只要"炤之以祸灾"，就能"大"；于"愚款端悫"者，只要"合之以礼乐，通之以思索"，就能"大"。总之人各有其"偏"，故"小"；"偏"总可藉修养矫正之，故"大"。

荀子有"积善"之说，认为"积善"就是由"小"变"大"的重要途径。荀子曰:"积善而不息,则通于神明,参于天地矣。"(《荀子·性恶》)"通于神明,参于天地"当然就是"大"。这是讲"积善"的重要性,以为"圣人"决非天生,而是由"凡人"积累而成,故曰:"故圣人者,人之所积而致也。"(《荀子·性恶》)又曰:"积善成德而神明自得,圣心备焉。"(《荀子·劝学》)。所论都是同一个道理:有"积善"则有"成德",有"积善成德"则有"圣心",有"圣心"则可为"圣人",即德高位重之人。

"积善"而外,"节欲"又是一条重要途径。荀子曰:"欲虽不可去,求可节也。"又曰:"欲虽不可尽,可以近尽也。"(《荀子·正名》)"欲"是与生俱来的,因而是"不可免"、"不可去"、"不可尽"的,故荀子以为"去欲"、"寡欲"、"禁欲"的主张乃是空谈。正当的办法是"节欲",即节制人欲。此外就是"导欲",即引导人欲,以"导欲"来阻止"乱"与"穷"的发生,因为"人生而有欲,欲而不得,则不能无求,求而无度量分界,则不能不争,争则乱,乱则穷"(《荀子·礼论》)。不管是"积善"、"节欲"还是"导欲",荀子的目标都是"化性起伪",即转化人之本性而造成一"善良世界"。荀子曰:"人之性恶,其善者伪也。"(《荀子·性恶》)人性之恶与生俱来,若任其自由生长,便只能留下一个"恶世界"。道德就是"伪",就是人为,就是拔除毒草而培育"善芽",以改变"从人之性,顺人之情,必出于争夺,合于犯分乱理而归于暴"(《荀子·性恶》)的局面,从而给人类留下一个可资生存的"善世界"。"大人"、"圣人"、"大儒"只可能生存在"善世界"里,不可能生存在"恶世界"里。

荀子重"德",同时也重"知"。他讲人之所以"最为天下贵"的关键是人有"礼义",即人有"德";同时他也讲"人之所以为人者,非特以其"二足而无毛也,以其有辨也"(《荀子·非相》),"辨"即思维上的"辨别"。人之所以为人,不在其"二足而无毛",而在其能"辨"。

这种讲法就跟孟子"人之异于禽兽者几希"的讲法,有很大不同。孟子的"几希"偏重于"德",而荀子的"以其有辨"则偏重于"智"。荀子又有"圣人之知"的说法,亦是从"知"的角度谈"大人"、"圣人"、"大儒"之特色。他认为"知"可分为四种:首"圣人之知",次"士君子之知",次"小人之知",再次"役夫之知"。"圣人之知"的特色是"多言则文而类,终日议其所以,言之千举万变,其统类一也";"士君子之知"的特色是"少言则径而省,论而法,若佚之以绳";"小人之知"的特色是"其言也诎,其行也悖,其举事多悔";"役夫之知"的特色是"齐给便敏而无类,杂能旁魄而无用,析速粹孰而不急,不恤是非,不论曲直,以期胜人为意"(《荀子·性恶》)。"小人之知"和"役夫之知"大体上可归于一类,是"士君子"之下的一种境界。

荀子也讲"勇"。其"上勇"之说,就是专从"勇"的角度谈论"大人"、"圣人"、"大儒"的。他分"勇"为三种:首"上勇",次"中勇",再次"下勇"。"上勇"之特性为"天下有中敢直其身,先王有道敢行其意,上不循于乱世之君,下不俗于乱世之民,仁之所在无贫穷,仁之所亡无富贵,天下知之则欲与天下同苦乐之,天下不知之则傀然独立天地之间而不畏"(《荀子·性恶》),这是何等宏大的一种气魄!"中勇"之特性为"礼恭而意俭,大齐信焉而轻货财,贤者敢推而尚之,不肖者敢援而废之"(《荀子·性恶》),气魄不小,境界不低,只是比"大勇"稍逊一筹。"下勇"之特性为"轻身而重货,恬祸而广解,苟免不恤是非,然不然之情,以期胜人为意"(《荀子·性恶》),不用说,这是"小人"的境界,是"野人"、"俗儒"的境界。

总之有"德"、能"辨"、"上勇"之"圣人"、"大儒",是荀子追求的终极目标,或一言以蔽之,"大人"是荀子追求的终极目标。

九、中国文化中"大人"之定型

韦政通先生的《中国思想史》,把战国末期至董仲舒以前这一阶段的中国思想,称为"过渡时期的思想"。在此"过渡时期",思想史上有代表性的著作,不再是以一家名义出现的"子书",而是代表各家思想混合的"丛编"。其中最为著名的有《吕氏春秋》、《淮南王书》、《礼记》以及《易传》。前两书被公认为是"杂家"著述;后两书"虽亦有杂取各家之处,在比例上儒家所占的比重极显著",故其表现的混合与调和,"大部分是属于儒学内部的"(《中国思想史》,390页)。

这个"过渡时期"在著者看来,就是中国文化中"大人"之定型期。中国"大人"观念以后的发展,均受到此一时期所定之型的约束与范围。此时期邹衍(公元前350—公元前280)结合阴阳观念与五行观念,发展出一套自然论与历史哲学,深刻影响了儒、道两家思想以后的发展。《月令》类之,亦是阴阳家的代表作之一。该篇文字既入《吕氏春秋·十二纪》,又入《淮南王书·时则训》,表明《月令》影响当时思想不浅;各家引为己有以抬高身价,亦表明阴阳五行家之思想已成为当时最流行最时髦之思想。而《月令》之思想所以能流行,正在于其思维模式恰好合乎当时主流之思维模式。此主流之思维模式为何?韦先生曰"天人感应"(《中国思想史》页393),著者则曰"大人模式"。"天人感应"是"大人"所以为"大"的一种方式;"天人合一"、"天人合德"、"天人不二"等,或许是另外一些方式。"大人"之"大",前文已言,正在于"大人"能打通人与人、人与物、物与物之间的"隔阂";"天人感应"只是打通此种"隔阂"的一种方式。

在上述"过渡时期"里,此种"大人模式"几乎见于所有思想家的头脑。《易传·系辞》有"天地变化,圣人效之"、"明于天之道,而察于民之故"等言,《吕氏春秋》有"凡帝王者之将兴也,天必先见祥乎下民"(《吕氏春秋·应同》)、"万物之形虽异,其情一体也,故古之治身与天下者,必法天地也"(《吕氏春秋·情欲》)等言,《淮南王书》有"观天地之象,通古今之事"等言,表达的都是同一种"大人模式"。此模式上接孔、孟、荀,甚至远古之"君子"、"大人"思想,经《易传》而发扬光大,并定型,最终成为以后中国几千年宇宙观之总架构,最终成为中国人最根本之世界观与人生观,最终形成中国文化之最高追求与终极目标。

此时期《易传》被定格为中国文化之"关键词"与"内容提要",有了这些"关键词"与"内容提要",中国文化这一大篇文章,可以暂时不去读它。如果可以用一句话来表达全盘的中国文化,这句话就应当到《易传》中去寻找。比如《易传》中"夫大人者,与天地合其德,与日月合其明,与四时合其序,与鬼神合其吉凶。先天而天弗违,后天而奉天时,天且弗违,而况于人乎,况于鬼神乎"(《易传·文言》)这一段话,著者以为就可作为整个中国文化的总说明、总解读。中国文化中所有"伟大"的语言,在境界上都不太可能超出这段话。著者所以视上述"过渡时期"为中国文化中"君子"、"大人"之定型期,含义即在于此:中国文化之"格式"已成"定则",以后要想换一种"格式",难上加难。

《易传》之"大视野"宏阔无比。其言曰:"大哉乾元,万物资始。"(《易传·彖上》)又曰:"至哉坤元,万物资生。"(《易传·彖上》)"大"、"元"、"至"、"万"等词,都是表示"大"意的。"大"的另一种表现是"久",故《易传》曰:"天地之道,恒久不已也,……终则有始也,日月得天而能久照,四时变化而能久成。"(《易传·彖下》)"恒久"、"久照"、"久成"等,都是以"久"而充实"大"。"久"又不可能是直线,直线则不能"久",有如相对论之"空间弯曲说",中国思想很早就认为,只有"曲线"、只有"循环",才能真正达成"久"之愿望。故《易传》曰:"反复其道,七日来复,天行也。"(《易传·彖上》)又曰:"一阴一阳之谓道,继之者善也,成之者性也。"(《易传·系辞上》)更有宣传循环论之名言,曰:"日往则月来,月往则日来,日月相推而明生焉。寒往则暑来,暑往则寒来,寒暑相推而岁成焉。往者屈也,来者信也,屈信相感而利生焉。"(《易传·系辞下》)有"复"则有"久",有"久"则有"大",有"大"方能有"大人",这就是《易传》的思维方式。

《易传·系辞》有"易有太极"一语,"太极"即"大极",表示"易"的根本特性就是"大"。又有"八卦定吉凶,吉凶生大业"一语,表示八卦跟"大业"有关。又有"法象莫大乎天地,变通莫大乎四时"之言,表示"圣人则之"、"圣人象之"的,是"大法象"、"大变通"。更有"可久可大"之名言,曰:"乾知大始,坤作成物。乾以易知,坤以简能。易则易知,简则易从。易知则有亲,易从则有功。有亲则可久,有功则可大。可久则贤人之德,可大则贤人之业。易简则天下之理得矣,天下之理得,而成位乎其中矣。"(《易传·

系辞上》)这里不仅有"大始"、"可久"、"可大"等表示"大"的词,而且明白表示"大"的主体就是"贤人"。"可久"既为"贤人之德","可大"既为"贤人之业",则"贤人"在此处,无疑就是"大人"。

王船山释"大始"为"太始",乾"大"坤亦"大",故他以为《易传》是以"乾坤并建"为"太始"的。既以"乾坤并建"为"太始",则天地之间就不存在"有阴而无阳,有阳而无阴"的情况,不存在"有地而无天,有天而无地"(王夫之:《周易内传》卷一)的情况。换言之,王夫之以为《易传》不以阴为"大",不以阳为"大",而是以"阴阳互抱"为"大";不以天为"大",不以地为"大",而是以"天地并建"为"大"。故王夫之又曰:"周易并建乾坤于首,无有先后,天地一成之象也。"(王夫之:《张子正蒙注·大易篇》)当然这只是王夫之对《易传》的看法,《易传》本身究竟是以天为"大",还是以"天地并大",自另当别论。

《礼记》之"大视野"亦毫不逊色。《礼记·大学》,以"平天下"为最终归宿,不可谓不"大"。《礼记·中庸》有言曰:

> 唯天下至诚,为能尽其性,能尽其性,则能尽人之性,能尽人之性,则能尽物之性,能尽物之性,则可以赞天地之化育,可以赞天地之化育,则可以与天地参矣。

讲"与天地参"不可谓不"大"。此外,它还有"诚者,非自成己而已也,所以成物也"之言,讲"成己成物",不可谓不"大";有"君子动而世为天下道,行而世为天下法,言而世为天下则"之言,讲"君子"为天下立道、立法、立则,不可谓不"大"。《礼记·学记》讲"博学之,审问之",讲"古之王者建国君民",不可谓不"大"。《礼记·乐记》讲"大乐必易,大礼必简",无疑是"大";讲"大乐与天地同和，大礼与天地同节"，无疑是"大"；讲"乐由天作，礼以地制"，无疑是"大"；讲"乐者天地之和也，礼者天地之序也，和故百姓皆化，序故群物皆别"，无疑依然是"大"。

没有中国文化的"大视野"，就不可能有"大乐"，亦不可能有"大礼"，更不可能读到这样的话："礼乐之极乎天而蟠乎地，行乎阴阳而通乎鬼神，穷高极远而测深厚。乐著大始，而礼居成物。著不息者天也，著不动者地也，一动一静者，天地之间也。故圣人曰礼乐云。"（《礼记·乐记》）《礼记·礼运》篇视野宏大，更是举世公认。其"大同"理想，其"天下为公"的理想，其"不独亲其亲，不独子其子"的理想，其货"不必藏于己"、力"不必为己"的理想，哪一样、哪一件不是"大视野"所产，不是"大人"所为？《礼记·儒行》更是直言"大人"，认为"大人"之"特立"是"劫之以众，沮之以兵，见死不更其守"；"大人"之"刚毅"是"可亲而不可劫也，可近而不可迫也，可杀而不可辱也"；"大人"之"容貌"是"难进而易退也，粥粥若无能也"；"大人"之"规为"是"上不臣天子，下不事诸侯，慎静而尚宽"；等等。可知《儒行》篇所描绘的"大人"，比孔子之"君子"更"大"，比墨子之"兼士"、"兼君"更"大"，甚至比孟子之"大丈夫"亦要"大"。中国文化中之"君子"、"大人"，在这里确是定型了。

《礼记》共十卷四十九篇，除上面提到的诸篇外，其他各篇亦不无求"大"的思想。限于篇幅，兹不赘引。

《吕氏春秋》被称为"杂家之祖"（韦政通：《中国思想史》，421页），内容虽庞杂，但却不失"大视野"。《有始览·应同》有"凡帝王者之将兴也，天必先见祥乎下民"等言，有"大视野"；《恃君览·知分》有"凡人物者，阴阳之化也；阴阳者，造乎天而成者也。……古圣人不以感私伤神，愈然而以待耳"等言，有"大视野"；《仲夏纪·大乐》有"太一出两仪,两仪出阴阳,阴阳变化,一上一下,合而成章,浑浑沌沌,离则复合,合则复离,是谓天常"等言,有"大视野";《审分览·任数》有"君道无知无为,而贤于有知有为"等言,有"大视野";《似顺论·分职》有"夫君也者,处虚素服而无智,故能使众智也。智反无能,故能使众能也。能执无为,故能使众为也。无智无能无为,此君之所执也"等言,有"大视野";《孟春纪·贵公》有"天下非一人之天下也,天下之天下也"等言,有"大视野";《孟夏纪·用众》有"以众勇无畏乎孟贲矣,以众力无畏乎乌获矣,以众视无畏乎离娄矣,以众知无畏乎尧舜矣。夫以众者,此君人之大宝也"等言,有"大视野";《孟秋纪·怀宠》有"凡君子之说也,非苟辨也;士之议也,非苟语也。必中理然后说,必当义然后议"等言,有"大视野";等等。

《淮南王书》又称《淮南子》,全书共二十一篇。其中其"大视野"的文字有"人主之情,上通于天"(《天文训》)、"圣人者,怀天心,声然能动化天下者也"(《泰族训》)、"天之与人,有以相通也。故国危亡而天文变,世惑乱而虹蜺见,万物有以相连,精祲有以相荡也"(《泰族训》)、"原道者,……浩然可以大观矣"(《要略》)、"天文者,……使人有以仰天承顺,而不乱其常者也"(《要略》)、"本经者,所以明大圣之德,通维初之道,埒略衰世古今之变"(《要略》)、"泰族者,横八极,致高崇,上明三光,下和水土。……怀天气,抱天心,执中含和,德形于内,以著凝天地"(《要略》)、"时则者,所以上因天时,下尽地力,据度行当,合诸人则,形十二节,以为法式,终而复始"(《要略》)等。

第 三 章

"大人"之"大知"

关于"君子"人格，孔子有名言曰："君子道者三，我无能焉：仁者不忧，知者不惑，勇者不惧。"(《论语·宪问》)又说："知者不惑，仁者不忧，勇者不惧。"(《论语·子罕》)明言"仁"、"知"、"勇"为君子人格三项内容。《礼记·中庸》称此为"三达德"，曰："知、仁、勇三者，天下之达德也。"可知中国文化中"君子"、"大人"之人格，主体内容无非三项，不过先后次序有不同表达而已。兹以"知"、"仁"、"勇"之次序为准，先论"大知"，次论"大仁"，次论"大勇"。

一、何谓"大知"

"大知"与"小知"的区分，在中国传统文化中是很清楚的；但要用现代语言去说明它，却又并不容易。大致来说，数、理、化等具体科学的知，都是"小知"；而打通数、理、化等具体科学之隔阂，将它们融合贯通的知，就是"大知"。可知西方近现代以来发展起来的"科学"，在中国文化的"大视野"中，都是"小知"、"小学"；"大知"、"大学"是超越具体"科学"的，超越的方式就是"打通"。换言之，"大知"与"大学"所追求的，是通行于天界、地界、人界、神界的"公理"，而不是局限于某一领域、某一层次、某一时段的所谓"私理"。化学所得之"理"若不能和数学、物理学等所得之"理"打通，或经济学所得之"理"若不能和社会学、地理学、考古学等所得之"理"打通，就不能谓之"大"。"大知"、"大学"是一定要以"打通"为职志的。能不能"打通"，"打通"的可能性有多大，是一个问题；求不求"打通"，是不是以"打通"为终极诉求，则是另一个问题。中国文化一直就有这样的诉求，故能谓之

"大"；西方文化不注重于这样的诉求，故只谓之"小"。这恐怕又是中西文化的根本区别之一。

翻检中国思想史，可知孔子虽未专门使用"大知"一词，但所论已有所涉及。孔子对子路说："由，诲汝知之乎？知之为知之，不知为不知，是知也。"（《论语·为政》）"知之为知之，不知为不知"的"知"是"小知"；"是知也"的"知"是"大知"。"小知"又被孔子称为"知之次"，故曰："多闻，择其善者而从之，多见而识之，知之次也。"（《论语·述而》）"大知"又被孔子称为"不知而作"，故曰："盖有不知而作之者，我无是也。"（《论语·述而》）"大知"即"不知而作"，是以不知为"知"，即不以具体科学的知为"知"。

孟子论"大知"，至少已有两个概念，一曰"良知"，二曰"大智"。"良知"之"良"，等于就是"大"，故孟子"人之所不学而能者，其良能也；所不虑而知者，其良知也"（《孟子·尽心上》）一句话，可以直接改为不学而能者"大能"也，不虑而知者"大知"也。至于"大智"，孟子的原话是："所恶于智者为其凿也。如智者若禹之行水也，则无恶于智者矣。禹之行水也，行其所无事也。如智者亦行其所无事，则智亦大矣。"（《孟子·离娄下》）此处以"凿智"与"大智"对举，"凿智"有人工雕凿的意思，故"小"；"大智"是"行其所无事"，故"大"。"智亦大"恐怕是中国思想史上第一个明确的"大知"概念。

庄子亦有"大知"的思想。如"知者接也，知者谟也，知者之所不知，犹睨也"（《庄子·庚桑楚》）之言，就是强调"小知"之片面性的，一如目之睨视，仅见一方。庄子又有"夫知有所待而后当，其所待者特未定也"（《庄子·大宗师》）之言，说明"小知"是"有所待"之知。"有所待"就是依赖于一定的条件，有一定的范围、一定的时效，这样的知当然只是"小知"。庄子又曰："人皆尊其知之所知，而莫知恃其知之所不知而后知，可不谓大疑乎？"（《庄子·则阳》）"知之所不知"的重要性，要远远大于"知之所知"的重要性。"知之所不知"是"大知"，"知之所知"是"小知"，庄子以为"小知"必依赖于"大知"，而后能成立，故庄子有"计人之所知，不若其所不知"（《庄子·秋水》）之言。其"庸讵知吾所谓知之非不知邪，庸讵知吾所谓不知之非知邪"（《庄子·齐物论》）之言，也是谈"大知"与"小知"之关系的。其"且有真人而后有真知"（《庄子·大宗师》）之言，是以"真知"明"大知"。其"知止乎其所不能知，至矣"（《庄子·庚桑楚》）、"言休乎知之所不知，至矣"（《庄子·徐无鬼》）等言，是以"至知"明"大知"。庄子又有"不知深矣，知之浅矣；弗知内矣，知之外矣。……弗知乃知乎，知乃不知乎，孰知不知之知"（《庄子·知北游》）之言，亦是要强调"不知"重于"知"、"弗知"重于"知"之理，换言之，强调"大知"重于"小知"之理。

　　荀子专门区分"知"与"智"，以"知"喻"小知"，以"智"喻"大知"，恐怕是中国思想史上第二个明确的"大知"概念。其言曰："所以知之在人者谓之知，知有所合谓之智。"（《荀子·正名》）"知之在人"即"私理"，"知有所合"即"公理"；"私理"为"小"故曰"知"，"公理"为"大"故曰"智"。荀子又撰《解蔽》篇，专门论列"小知"之"偏"。他以能为蔽、恶为蔽、始为蔽、终为蔽、远为蔽、近之蔽、博为蔽、浅为蔽、古为蔽、今为蔽等等，总之以为"凡万物异，则莫不相为蔽"（《荀子·解蔽》）。"解蔽"的目的，就是要改变此种"莫不相为蔽"的状态，改变此种"小知"的状态；而走向以"大知"为核心的"莫相为蔽"。"莫不相为蔽"是"隔阂"，"莫相为蔽"就是"打通"。可知荀子是有明确追求"大知"之意向的。荀子说："凡人之患，蔽于一曲，而暗于大理。"（《荀子·解蔽》）此处将"蔽于一曲"的"小知"明确称为"患"，又说它"暗于大理"（"大理"即"公理"），可见荀子对于"小知"是持完全否定的态度。他又说："曲知之人，观于道之一隅而未之能识也,故以为足而饰之,内以自乱,外以惑人,上以蔽下,下以蔽上,此蔽塞之祸也。"(《荀子·解蔽》)此处"蔽塞"连用,可知"蔽"确就是未"打通"。"曲知"即是"小知",它是一偏之知,而人却以为不是一偏,观于一隅而不知其为一隅,以隔为全,并以此自囿,危害极大,故荀子以"祸"称之。既"患"且"祸",可知"小知"之害。

"大知"与"小知"之间最明确的划分,出现在北宋张载的理论中。他所说的"德性所知"就是"大知";他所说的"见闻之知"即是"小知"。查"德性"一词,出自《中庸》。《中庸》中有"君子尊德性而道问学,致广大而尽精微,极高明而道中庸"等语,宋儒朱熹注"德性"为"德性者,吾所受于天之正理"。可知"德性所知"即是"正理之知"。著者疑"正理"即是"公理",即是荀子所谓"大理",故"德性所知"就是"大知"。张载自己的解释是:"见闻之知,乃物交而知,非德性所知;德性所知,不萌于见闻。"(《正蒙·大心》)"见闻之知"是"蔽塞"于某一领域、某一层次、某一时段的,故不能"大"。若能冲突"蔽塞"而"打通"各领域、各层次、各时段,则就是张载所谓"神化"。其言曰:"易谓穷神知化,乃德盛仁熟之致,非智力能强也。"(《正蒙·神化》)"智力"指"小知","穷神知化"的功夫决不是"小知"所能勉强为之的。"知化"著者以为就是"以大知去打通"。张载又有"穷神知化,乃养盛自致,非思勉之能强,故崇德而外,君子未或致知也"(《正蒙·神化》)之言,强调"大知"对于"小知"的优先地位。"崇德"即是崇尚"德性所知",张载认为"君子"除了崇尚"德性所知"以外,也许不可能有其他途径去达到复正的"知"。这实际上是把"见闻之知"的地位,根本否定了。张载又说:"人谓己有知,由耳目有受也。人之有受,由内外之合也。知合内外于耳目之外,则其知也过人远矣。"(《正蒙·大心》)"合内外于耳目之外"

的知,就是"德性所知",就是"大知";"过人远矣"的知,就是"德性所知",就是"大知"。"小知"是"合内外于耳目",以为"耳目有受"即是"有知";殊不知这样的知只是一"偏"之知、一"隅"之知、一"方"之知,因而只是"小知"。

宋儒程颐接受了张载"德性所知"与"见闻之知"的区分,而提出"德性之知"与"闻见之知"两概念。著者以为前者指"大知",而后者指"小知"。程颐曰:"闻见之知非德性之知,物交物则知之,非内也,今之所谓博物多能者是也。德性之知,不假闻见。"(《河南程氏遗书》卷二十五)"不假闻见"是指"德性之知"不依赖于"闻见之知"而成立。"博物多能"指"闻见"的多寡。"闻见之知"再多,它也是处于"蔽塞"状态,也是"小"。"德性之知"再少,它也是"打通"的,也是"大"。程颐又有"今日格一件,明日又格一件,积习既久,然后脱然自有贯通处"之言,似乎程颐并未完全否定"闻见之知"的地位,这和张载有不同。程颐又有"知者吾之所固有,然不致则不能得之,而致知必有道,故曰致知在格物"(《语录》卷二十五)之言,似乎是承认"德性之知"虽系天赋,但若没有"致"的努力,却不能得。可知"大知"在程颐这里并非自然而然。

朱熹也讲"小知",但却始终以"大知"为归宿。朱熹说"人心之灵,莫不有知;而天下之物,莫不有理"(《大学章句·补格物章》),此处之"知"是"大知",此处之"理"亦是"公理"。他另有一段讨论"小知"与"大知"之关系的话,曰"至于用力之久,而一旦豁然贯通焉,则众物之表里精粗无不到,而吾心之全体大用无不明矣"(《大学章句·补格物章》)。其中"豁然贯通"一语,著者以为就是所谓"打通"。"打通"人与人、人与物、物与物之间的隔阂,"打通"天人物我之间的隔阂;隔阂一旦被"打通",则"吾心之全体大用无不明矣",能"打通"当然就有"明"。故朱熹称此一过程为"此谓格物,此谓知之至也"(《大学章句·补格物章》)。"知之至"当然就是"大知"。朱熹把"致知在格物"解释为"即物而穷其理",简称为"即物穷理"。要注意这个"即物穷理"的解释。就一物内部去看,"理"为当然,不存在"穷"与"不穷"的问题,故曰"天下之物,莫不有理"。既然"理"为当然,又何必添加一个"穷"字?可知朱熹真正所"即"之物一定是"众物"而非"个物",朱熹真正所"穷"之理一定是"公理"而非"私理"。可知朱熹"即物穷理"之说,只能恰当地解释为"即众物而穷公理"。无"众物"则无须"即",无"公理"则无须"穷"。而"即众物而穷公理"就是把"小知"扩大为"大知",就是所谓"打通"。"打通"的范围越大越好,"打通"的层面越多越好,"打通"的程度越深越好,故朱熹有言曰:"是以大学始教,必使学者即凡天下之物,莫不因其已知之理而益穷之,以求至乎其极。"(《大学章句·补格物章》)最好是把"天下之物"全部"打通",这样才能叫做"至乎其极"。

　　陆象山讲"大知",却不主张"即物穷理"。他以为"即"是不必要的,因为天人物我之间本身就是"通"的,这个"通"是不需要"打"的。需要"打",是因为原来有"蔽塞",有隔阂;"蔽塞"既本不存在,隔阂既本不存在,当然就不需要"打"。陆象山讲"人心至灵,此理至明"(陆九渊:《杂说》),就是要表达这个意思。"至灵"就是"大灵","至明"就是"大明";以"大灵"喻"大知",以"大明"喻"大理"或"公理"。朱熹只说"人心之灵"、"莫不有理",并未加上一个"至"字,所以朱熹需要"打"。象山先就加上一个"至"字,所以象山不需要"打"。象山说"人皆有是心,心皆具是理"(陆九渊:《杂说》),"是心"亦是"大心","是理"亦是"公理"。象山又说:"良知之端,形于爱敬,扩而充之,圣哲之所以为圣哲也。先知者,知此而已;先觉者,觉此而言。……易之穷理,穷此理也。……孟子之尽心,尽此心也。……学者诚知所先后,则如木有根,如水有源。"(陆九渊:《武陵县学记》)此处从"良知"讲起,讲的是"人伦"。穷理、尽心的工作,就是要把此"人伦"扩而充之为"物则"、"天理"。换言之,象山以为"通"行于天界、人界、神界的"公理",无非就是"人伦";"物则"无非是"人伦","天理"无非是"人伦"。能认识到这一点,就是所谓"先知",就是所谓"先觉",就是所谓"穷理",就是所谓"尽心"。这就是象山"大知"学说之梗概。

　　王阳明的思路有过之而无不及。阳明所讲的"心"都是"大心",所讲的"理"都是"公理"、所讲的"知"都是"大知"。他讲"物理不外吾心,外吾心而求物理,无物理矣"(《答顾东桥书》),"无物理"不是无"众物之理",而是无"个物之理",不是无"公理",而是无"私理"。换言之,阳明以为只要是"理",就肯定是"公理",肯定是"通"行天人物我之间的"共通之理"。由于"吾心"本身就是"大心",所以到"吾心"之外求"物理",也就是到"大心"之外求"物理",这就是禅宗所谓"骑驴觅驴",是毫无效验的。阳明说"夫万事万物之理不外于吾心"(《答顾东桥书》),是讲"大心"能"打通"一切;若谓还有未"打通"的地方,那是不明"大心"之根本,是"析心与理而为二也"(《答顾东桥书》)。阳明又说"我的灵明,便是天地鬼神的主宰"(《传习录下》),这"主宰"亦只是"物理不外吾心"的意思。"主宰"切不可释为"掌控","我的灵明"是无论如何"掌控"不了"天地鬼神"的;"主宰"的最合理解释是"打通","主宰""天地鬼神"就是"打通""天地鬼神"之间的隔阂。对"我的灵明"而言,此种隔阂原本就不存在。阳明又有"天地鬼神万物离却我的灵明,便没有天地鬼神万物了。我的灵明离却天地鬼神万物,亦没有我的灵明"(《传习录下》)之言,著者以为切不可释其为"唯心主义",因为"唯心主义"是实体论、实存论上的主张,而阳明的"大知"之说,只涉及"程序论"或"秩序论"。离却我的灵明,"天地鬼神万物"不存在,其不存在的不是实体,只是关系,即它们之间的隔阂未被"打通";离却天地鬼神万物,"我的灵明"不存在,其不存在的不是实体,只是功能,只是"吾心"所应具的"打通"万有的功力不存在。以"关系论"或"程序论"而去解释阳明学说,不仅要远高明于"实体论"或"实存论",且著者以为前者还似乎是惟一合理的解释。以"打通"而释"主宰",以"大心"而释"吾心",以"大知"而释"良知",似乎不见于当今所有方家,也许可为一家之言!

黄梨洲亦讲"大知",不过用词有不同。梨洲曰:"丽物之知,有知有不知;湛然之知,则无乎不知也。"(《宋元学案·伊川学案》"黄百家"案语引)"丽物之知"是具体事物之知,因而都是一"偏"之知、一"隅"之知、一"方"之知,故曰"有知有不知";"湛然之知"打通了具体事物之间的隔阂,一明万明,一有百有,故曰"无乎不知"。"有知有不知"的知,是"小知";"无乎不知"的知,当然就是"大知"。

中国文化中之"大知"学说,自清以后而渐萎。清初黄梨洲尚偶有论及,王船山亦偶而提及。如王船山说:"德性之知,循理而及其原,廓然于天地万物大始之理,乃吾所得于天而即所得以自喻者也。"(《张子正蒙注》卷四)说明"德性之知"是关于天地万物之"共通"原理的知,亦有"大知"的意味。

中国文化中与"德性之知"有关的另一个概念是"道心"。"道心"就是"大心"。此词见于《尚书·大禹谟》,其曰"人心惟危,道心惟微,惟精惟一,允执厥中"。又见于《荀子·解蔽》,其曰"人心之危,道心之微,危微之几,惟明君子而后能知之"。"人心"跟"道心"的细致差异,只有"君子"才能了悟,可知荀子以为"道心"乃是和"君子"有关的一个概念。

宋儒朱熹曾详释"人心"、"道心"之差异,认为"人心"是"生于形气之私","道心"是"原于性命之正";"人心"是"危殆而不安","道心"是"微妙而难见"。"人心"和"道心"的关系是:"然人莫不有是形,故虽上智不能无人心;亦莫不有是性,故虽下愚不能无道心。"若谓"上智"是"大人"、"下愚"是"小人",则朱熹以为"大人"亦是有"人心"的,"小人"亦是有"道心"的,差别只在程度而已,故朱熹谓它们是"杂于方寸之间"。就如朱熹不否认"小知"对于"大知"的重要性一样,朱熹似也不否认"人心"对于"道心"的重要性。"道心"虽"大",但它和"人心"其实只在一念之差。故朱熹有"只是这一个心,知觉从耳目之欲上去,便是人心,知觉从义理上去,便是道心"(《朱子语类》卷七十八)之言,又有"道心是知觉得道理底,人心是知觉得声色臭味底。……人只有一个心,但知觉得道理底是道心,知觉得声色臭味底是人心"(《朱子语类》卷七十八)之言,更有"饥食渴饮,人心也;如是而饮食,如是而不饮食,道心也"、"饥欲食渴欲饮者,人心也;得饮食之正者,道心也"、"人心便是饥而思食,寒而思衣底心。饥而思食后,思量当食不当食;寒而思衣后,思量当着与不当着,这便是道心"(《朱子语类》卷七十八)等言。"道心"在此处就是"思量"、"权衡"、"考虑"、"斟酌"等,虽不等于"打通",但总跟"打通"有直接的关系。

二、儒家"主智论"所主为何

著名学者余英时先生撰《反智论与中国政治传统》一文，认为中国传统政治中"一向弥漫着一层反智的气氛"（《中国思想传统的现代诠释》，63页），惟独儒家在政治上"不但不反智，而且主张积极地运用智性，尊重知识"（《中国思想传统的现代诠释》，66页）。著者以为这是一个有趣的结论，值得分析。

查余先生所说"反智论"(anti-intellectualism)，包括"反智性"(anti-intellect)与"反知识分子"(anti-intellectuals)两个相立关涉的方面。前者是对于"智性"本身的憎恨与怀疑，认为"智性"及由"智性"而来之知识学问皆有害而无益；后者是对于代表"智性"之知识分子的一种轻鄙以致敌视，常常以知识分子为攻击的对象。余先生以为中国传统政治上的反智传统，是"由整个文化系统中各方面的反智因素凝聚而成的"（《中国思想传统的现代诠释》，65页），似乎他认为整个中国传统文化，都有"反智传统"，政治只是一方面的表现。若此解读不误，则著者心生如下问题：（一）中国传统文化中的"反智"所反的是"大智"还是"小智",(二)中国传统文化中的"主智"所主的是"大智"还是"小智",(三)可否认定中国传统文化中一直就有一个轻视"小智"、追求"大智"的传统?

先分析余先生所说的"儒家的主智论",看儒家所主之智究竟是"大智"还是"小智"。余先生引用的第一句话出自《论语》,曰:"天下有道则见,无道则隐。邦有道,贫且贱焉,耻也;邦无道,富且贵焉,耻也。"(《论语·泰伯》)此处是以"道"之有无作为是否出仕的标准,"道"为"大"(中国文化中没有一家以"道"为"小"),可知是以"大"作为是否出仕之标准。"耻"可释为"小",有道之时贫且贱是"小",无道之时富且贵亦是"小","君子"所追求的是"大"。何谓"大"?就是邦有道时富且贵,或者邦无道时贫且贱。此处若说有"主智"成分,孔子一定是主"大智"。余先生又引《论语》曰:"三年学,不至于穀,不易得也。""笃信好学,守死善道。"(《论语·泰伯》)若谓此处之"学"字是"主智",则其所主之智又是跟"大"有关,叫做"守死善道","道"即"大"。

下至孟子,余先生认为孟子有"专家政治"之思想,主张治国需赖"专门的知识"。既是"专门的知识",似乎就只是"小知"而非"大知"。余先生引两段话,一曰"士之仕也,犹农夫之耕"(《孟子·滕文公下》),说明出仕参政乃是知识分子之职业,犹如耕耘是农夫之职业。(余先生用"专业"一词,似有不妥。)此处并未直接涉及"智"的问题。另一段曰:"夫人幼而学之,壮而欲行之。王(按即齐宣王)曰:姑舍女所学而从我,则何如?今有璞玉于此,虽万镒,必使玉人雕琢之。至于治国家,则曰姑舍女所学而从我,则何以异于教玉人雕琢玉哉!"(《孟子·梁惠王下》)此段话亦是强调人各有专职,如"玉人"之专职是"雕琢","士人"之专职是"行"其所"学"等。此处的"玉人"之专门知识与"士人"之专门知识对举,若谓"玉人"之专门知识是"小知",由"士人"之专门知识就是"大知"。"夫人幼而学之"的"学",就是指"大知"而言。"舍女所学而从我",就是舍"大知"而就"小知";"教玉人雕琢玉",就是舍"大知"而就"小知"。此处孟子不同意齐宣王的说法,其所主之"智"显然是"大智"。

再下至荀子,荀子答秦昭王问,秦昭王问"儒"是否无益于"人之国",荀子的回答是:"儒"对于"人之国"最为有益,因为"儒"掌握了"道";"儒"持此"道""在本朝则美政,在下位则美俗"(《荀子·儒效》),故最有益于国。此处之"道"当然是"大知"、"大智"。余先生引荀子"闻之而不见,虽博必谬;见之而不知,虽识必妄;知之而不行,虽敦必困"(《荀子·儒效》)一段话,认为此段话是强调知识乃政治之基础:最高的政治责任,"俗儒"不能担当,"雅儒"不能担当,惟有"大儒"才能担当;而"大儒"恰是具"大知"、"大智"之人。"大儒"的根本特征之一是"知通统类",就是著者所谓"打通";荀子以为只有这样的"大儒"才适合居于政治最高层,故曰"大儒者,天子三公也"(《荀子·儒效》)。荀子又说"闻见之所未至,则知不能类也"(《荀子·儒效》),"知不能类"即是不能"打通",自然是"小知"。可见荀子在这里的"主智",明显是主"大智"、主"大知",而非"未至"、"不能类"之"小知"。

儒家在政治上"主智",一方面是主张具"大智"、"大知"之知识分子出仕参政,另一方面则是主张从"大"的角度批判政治。如何才算是从"大"的角度?答曰:从"道"的角度就是从"大"的角度。余先生以为在儒家的思想系统中,"道"是要比"政"高出一个层次的,即是说批判政治决不是为现行政治"背书",而是力图让现行政治合乎"道"的标准。这样的一种"主智",当然是主"大智";这样的一种"主知",当然是主"大知"。孔子讲"天下有道,则庶人不议"（《论语·季氏》）是主"大智"。孟子讲"世衰道微，邪说暴行有作"（《孟子·滕文公下》），是主"大智"而贬"小智"（如"邪说"）。董仲舒讲"周道衰废，……孔子知言之不用，道之不行也"（《史记·太史公自序》），也是主"大智"、"大知"。

于是著者有基本结论曰：若余英时先生儒家"主智"之说是对的，则儒家所主之智一定是"大智"，所主之知一定是"大知"。换言之，著者"中国传统文化中一直就有一个求'大智'、'大知'的传统"之结论、观点或主张，是可以在儒家的政治思想中，得到印证的。可以在余先生前面的论述中得到印证，也可以在余先生所引黄宗羲的话中得到印证。黄宗羲曰："天子之所是未必是，天子之所非未必非，天子遂不敢自为非是，而公其非是于学校。"（《明夷待访录·学校》）"公其非是"当然就是"大智"、"大知"。余先生谓"儒家政治思想中的主智传统在黄宗羲的手上获得了一次最有系统的整理"（《中国思想传统的现代诠释》，72页），这话是肯定儒家的"主智传统"，同时亦即是肯定儒家的主"大智"、"大知"之传统。

三、道家"反智论"所反为何

余英时先生的《反智论与中国政治传统》一文，又论及"道家的反智论"。这是一个几乎已成"公论"的见解；正因已成"公论"，所以也就很少有人再过细分析它。这不能不说是思想界、学术界的某种遗憾。思维的"惯性力量"与思维的"懒惰"相结合，会耽误思想史上的许多问题之研究。

著者的问题是：道家的反智论所反的究竟是"大智"还是"小智"，是"大知"还是"小知"？若此问题得不到解答，则著者敢断言，我们对于道家的解读，就是有偏差的，就是不完全的，就是不通的。

余英时先生有言曰："道家和法家的政治思想虽然也有不少与儒家相通之处，但在对待智性及知识分子的问题上却恰恰站在儒家的对立面。"（《中国思想传统的现代诠释》，72页）儒家"主智"、儒家主张知识分子出仕参政，则道、法两家就是"反智"、反对知识分子出仕参政。余先生引"老子的反智言论"如下：

> 是以圣人之治，虚其心，实其腹，弱其志，强其骨，常使民无知无欲，使夫智者不敢为也。为无为，则无不治。
>
> 绝圣弃智，民利百倍。
>
> 民多智慧，而邪事滋起。
>
> 古之善为道者，非以明民，将以愚之。民之难治，以其智多。故以智治国，国之贼；不以智治国，国之福。

由以上引文，余先生认定老子是"公开地主张'愚民'"（《中国思想传统的现代诠释》，73页）。著者以为这是一个"速断"。以老子的"大智慧"，他若公开主张"愚民"，何"智"之有？何"慧"之有？他不过一"小人"而已！可知从常理上去推断，老子也不可能"公开地主张'愚民'"。

可引文在此，铁证如山，如何又说他不"愚民"？著者以为可能的"解套"之法，就是区别"大智"与"小智"、"大知"与"小知"。老子反"小智"、反"小知"，所以他有一个"反智论"，此余英时先生之结论也；老子又主"大智"、主"大知"，所以他又有一个"主智论"，此著者之结论也。在主"大智"、"大知"一点上，老子与儒家"相通"，正应了余先生开头的结论；可知老子并没有站到儒家的"对立面"，这又正驳了余先生开头的结论。

老子讲"使民无知"，是无"小知"；讲"绝圣弃智"，是弃"小知"；讲"民多智慧"，是多"小智"、"小慧"；讲"将以愚之"，是让民获取"大智"，因为"大智若愚"；讲"民之难治，以其智多"，是以其"小智"；讲"以智治国"，是以"小智"治国；讲"不以智治国"，是以"大智"治国，"大智"的特征是"不智"。老子又说"不尚贤，使民不争"，此"贤"是"小贤"而非"大贤"。老子又说"圣人常无心，以百姓心为心"，前一"心"是"小心"，后一"心"是

"大心","以百姓心为心"当然是"大心"。老子又说"吾言甚易知,甚易行,天下莫能知,莫能行","吾言"是"大言","吾智"是"大智",对老子本人而言是"甚易知"、"甚易行",对"天下"之"小人"而言,则是"莫能知"、"莫能行"。老子又有"天下神器,不可为也,不可执也,为者败之,执者失之"之言,其"为者"、"执者"均是指"小智"、"小知"而言。总之只要注意区分"大智"与"小智"、"大知"与"小知,"就很难得出老子公开主张"愚民"之结论。余英时先生有言曰:"老子不鼓励人民和臣下有知识,可是他的'圣人'却是无所不知的;'圣人'已窥破了政治艺术的最高隐秘。因为'圣人'已与天合德了。"(《中国思想传统的现代诠释》,73页)此话说得极妙,"圣人"在老子那里就是"大智"、"大知"之代表。

关于庄子,余先生的看法是庄子既反"智"又不反"智"。如"堕肢体,黜聪明,离形去智"(《庄子·大宗师》)等言语,明显是"反智性的";而另一些言语,如"庸讵知吾所谓知之非不知邪,庸讵知吾所谓不知之非知邪"(《庄子·齐物论》)等,又不是"反智性的"。既"反智",又不"反智",此种自相矛盾如何"解套"呢?余英时先生以自造的"超越的反智论"一词来"解套",说:"……他在'不知'之外又说'知',则仍未全弃'知',不过要超越'知'罢了。所以庄子的基本立场可以说是一种'超越的反智论'(transcedental anti-intellectualism)。而且庄子也并未把他的'超越的反智论'运用到政治思想方面。因此我们可以说,庄子的思想对此后政治上的反智传统并无直接的影响。"(《中国思想传统的现代诠释》,72页)著者以为所谓"超越的反智论",其实就是"主智论",不过其所主之智是"大智"、"大知"而已。正因庄子"主智",所以他才会对"反智传统"无直接影响。

关于黄老学派,余英时先生认为它是具有"反智立场"的,因而有其"反智论"(《中国思想传统的现代诠释》,79页)。他引黄老学派的话,曰:"王天下者,轻县国而重士,故国重而身安;贱财而贵有知(智),故功得而财生;贱身而贵有道,故身贵而令行。"(《经法·大分》)句中有"贵有知(智)"、"贵有道"等字眼,应是"主智"的;但余先生却解释为这"知(智)"、"道"只对帝王有用,对臣下无意义,故依然判其为"反智"(《中国思想传统的现代诠释》,76页)。又引《十大经》曰:"惟余一人兼有天下,滑(猾)民将生,年(佞)辩用知(智),不可法组。……一之解,察于天地;一之理,施于四海。……万物之多,皆阅一空。"(《十大经·成法》)句中"年(佞)辩用知(智),不可法组"之类的话,确系"反智"言论。但整体来看,此段话所反的依然只是"小知(智)"而非"大知(智)"。

黄老学派推崇的"大知(智)",就是所谓"道",就是所谓"一"。"一"有惟一之意,有最高之意,有时亦有"大"之意。这个"一"可以"贯通"天人物我。可以"长",即引申而施之于一切具体情况,"放之则弥六合,卷之则藏于密";可以"施","施于四海",即放诸四海而皆准;可以"用",即"操正以正奇,握一以知多,除民之所害,而寺(持)民之所宜"(《十大经·成法》)。这样的"道"、这样的"一",谁能执掌?当然只有帝王,故曰:"帝王者,执此道也"。(《经法·论》)"道"、"一"学说本有主"大知(智)"的意思,但因其专属"帝王",当然又被余先生判为"反智"。余先生说:"……黄老思想的反智立场在这种地方表现得再清楚不过了。从理论上说,黄老的反智论的根源乃在它的'一道'论。"(《中国思想传统的现代诠释》,79页)"一道"论既是"道"、"一"学说,又是归"道统"与"政统"于帝王一人的学说。

四、法家"反智论"所反为何

余英时先生的《反智论与中国政治传统》一文，还论及"法家的反智论"。法家"反智"，也许是学界最无可辩驳的一个说法。换言之，若谓法家亦有"主智"倾向，恐怕会遭致所有"方家"的驳斥。

但著者还是想斗胆一试，认定：法家虽是"反智"的，但所反者依然只是"小智"而非"大智"；换言之，法家作为中国文化之一家，依然还有中国文化所共有的"主大智"的倾向。

法家最为人诟病的，是韩非"无书简之文，以法为教；无先王之语，以吏为师"（《韩非子·五蠹》）那段话，被认为是其"反智"之铁证。既是"反智"，此段话之前又为何冠有"故明主之国"一语？"反智"的国度为何反成了"明主"统治的国度？若此解读不误，则韩非心目中的"明主"岂不就是一"愚人"或一"傻人"！韩非乃一流思想家，竟以"愚人"或"傻人"为"明主"，怎能说得通？故著者以为法家的言论，恐怕有另行解读之必要。

韩非又曰："民智之不可用，犹婴儿之心也。……婴儿子不知犯其所小苦，致其所大利也。……夫求圣通之士者，为民知之不足师用。……夫民智之不足用亦明矣。"(《韩非子·显学》)此段话亦被余先生判为"反智"、"愚民"的典型话语。认为它可使孔子"民可使由之，不可使知之"① 那句"愚民"的话"显得黯然失色"(《中国思想传统的现代诠释》，82页)。著者以为余先生的判定有可商榷处：第一，韩非只谓"民智"不可用，未说"君智"不可用，故并非全幅"反智"；第二，韩非同时又有民智"不足用"之说，多谓其"不足"，少谓其"不可"，故并非完全"反智"；第三，韩非同时又有"求圣通之士"之言，明白表达"求智"之意，故并非完全"反智"。依此著者可明白断言：韩非所反的智只是"小智"；韩非依然抱有很强的"求大智"的意愿。

何谓"大智"，何谓"小智"？韩非在这里说得明白，"小智"即是不"圣"不"通"之智，其不"圣"不"通"的表现，就是"不知犯其所小苦致其所大利"，简言之，就是"因小失大"、鼠目寸光。以此著者以为"民智"一词在韩非这里不是指"人民之智"或"百姓之智"，换言之不是实指，而只是"小智"的一个代名词。"中央"欲"厚民产"，"民智"以为"酷"；"中央"欲"禁邪"，"民智"以为"严"；"中央"欲"实仓库"、"备军旅"，"民智"以为"贪"；"中央"欲"禽虏"，"民智"以为"暴"。凡此之类，足证"民智"是见小而失大、见近而失远之智，足证"民智之不可用"，至少足证"民知之不足师用"、"民智之不足用"。说"民智之不可用"，确有"反智"嫌疑；说"民知之不足师用"或"民智之不足用"，却不能断然判其为"反智"。此处"夫求圣通之士者，为民知之不足师用"一句

---

① 学者大都以此句话为孔子"愚民"之据，其实不妥，只需另行标点，即可变成"智民"之方："民可使，由之；不可使，知之。"

话，明白表达出韩非的追求："小智"不足用，所以要"求大智"；"求圣通之士"就是"求大智"，因为"大智"，正是以"通"为特色的。著者这样说，并非刻意为韩非"翻案"，而是韩非确有追求"大智"的倾向。

被余先生判为"反智"的韩非子的《解老》篇，也支持著者的结论。该篇解读老子"祸兮福之所倚"云："人有祸则心畏恐，心畏恐则行端直，行端直则思虑熟，思虑熟则得事理，行端直则无祸害，无祸害则尽天年，得事理则必成功，尽天年则全而寿，必成功则富与贵，全寿富贵之谓福。""得事理则必成功"等语，无论如何不是"反智"的言论。恰恰相反，韩非反有"主智"之论，其言曰："明君之道，使智者尽其虑，而君因以断事，故君不穷于智；……是故不贤而为贤者师，不智而为智者正，臣有其劳，君有其成功，此之谓贤主之经也。"（《韩非子·主道》）此话被余先生判为"反智论……圆满成熟，化腐朽为神奇"（《中国思想传统的现代诠释》，89页）的标志，殊不知"不贤"正是"大贤"、"不智"正是"大智"。

余先生又引《商君书》，以证法家之"反智"。《商君书》有"民不贵学则愚，愚则无外交，无外交则国勉农而不偷"（《商君书·垦令》）等语，确有"反智"的倾向。《商君书》又曰："圣人非能以世之所易胜其所难也，必以其所难胜其所易。故民愚，则知可以胜之；世知，则力可以胜之。臣愚，则易力而难巧；世巧，则易知而难力。故神农教耕而王天下，师其知也；汤武致强而征诸侯，服其力也。"（《商君书·算地》）此段话被余先生判为"反智论"之"最具代表性"的言论（《中国思想传统的现代诠释》，84页）。著者于此稍有异议：民愚则"知可以胜之"之言，明显不是"反智"的；世知则"力可以胜之"之言，亦不能骤断为"反智"；神农"师其知"不"反智"，汤武"服其力"亦非直言"反智"。《商君书》上述言论，至多只是"智"与"力"的双刃剑，或以"智"、"知"而治天下，或以"力"而治天下。双刃剑不能只观其一刃，而是要双刃并观。

其次是《商君书》的"壹教"说，也被判为"反智"言论。商君论"壹教"云："所谓壹教者，博闻、辩慧、信廉、礼乐、修行、群党、任誉、清浊，不可以富贵，不可以评刑，不可独立，私议以陈其上。坚者被，锐者挫。虽曰圣知巧佞厚朴，则不能以非功罔上利。然富贵之门，要存战而已矣。"（《商君书·赏刑》）"非功"即没有战功，没有战功的知识分子不能仅凭其知识而得富贵，这当然是"轻视"知识分子，但"轻视"不一定就是"反对"。此处明白承认"圣知巧佞厚朴"的存在，"圣知"是"大知"，"巧佞"是"小知"，"厚朴"是"德行"，商君以为这些东西应有，但不是取得富贵的惟一凭据。如此则商君的"反智"并不直接，只是"轻智"而已。《商君书》另有"圣人明君者，非能尽其万物也，知万物之要也"（《商君书·农战》）、"圣君知物之要，故其治民有至要"（《商君书·靳令》）等言，"知万物之要"、"知物之要"等等，明显不是"反知（智）"的言论，至多只是反"小知"、"小智"。

总之，余英时先生是视法家为世界"反智论"之开山祖（《中国思想传统的现代诠释》，89—90页），中国"反智论"之主要代表。认为法家"反智论""最充分"、"最彻底"、"造成了持久而深刻的影响"（《中国思想传统的现代诠释》，81页），法家"肆无忌惮地公开提倡反智论"（《中国思想传统的现代诠释》，87页），法家的"反智论"经韩非加以系统化，变成为"专制政治的最高指导原则之一"，"开创了一个反智的新政治传统"（《中国思想传统的现代诠释》，90页）。总之余先生根本不承认法家还有主"大智"、"大知"的倾向。著者为法家"翻案"，并非拥护法家，只是条陈事实而已。

五、中国"大知"思想之萎缩

关于清代思想与宋明儒学的关系，余英时先生列举了两种看法：一种是以梁任公和胡适之两先生为代表的"反动说"，认为清代思想是对宋明理学的全面反动；一种是以钱穆先生为代表的"余波说"，认为清学虽有创新，但理学之余波并未中绝；宋明理学传统仍有其生命(《中国思想传统的现代诠释》，178页)。此二说有一个共同点，就是认为中国思想入清而发生了转折。此种转折的实质为何，各家有各家之解读，莫衷一是；但著者却以为此种转折，其实就是"大知"思想渐趋萎缩、"小知"思想渐趋抬头之历程。

关于清代思想史，余英时先生主张在"反满说"（政治观点的解释）和"市民阶级说"（经济观点的解释）之外，专门"从思想史发展的内在理路方面"(《中国思想传统的现代诠释》，211页)提出一个"新解释"，以找出贯穿于理学与清学之间的"内在的生命"(《中国思想传统的现代诠释》，210页)。换言之，就是要找出"一脉相延"的那个"脉"。著者以为余先生的这个"新解释"如果要"新"，也只有从"大知"渐衰、"小知"渐兴这个层面去找出路。

著者对清代思想史提出的解释是：中国思想不否认"小知"，但自古就有一个追求"大知"的传统，其核心是"大知对于小知居优先地位"；此传统一直持续到明末清初，入清以后"大知"渐成绝响，从而使中国思想走上"小知对于大知居优先地位"之不归路；清代思想史就是此"不归路"之开拓史；此"不归路"的建成，为中国思想接纳西方"科学"，作好了心理上的准备。

余英时先生曾谓宋明理学中，本身就存在着"智识主义与反智识主义的对立"，即 Intellectualism 与 Anti-intellecfualism 的对立（《中国思想传统的现代诠释》，182页）。这个对立在著者看来，其实就是"大知优先论"与"小知优先论"的对立。要注意，"大知优先论"不等于"智识主义"，"小知优先论"尤不等于"反智识主义"，故著者之解读依然是跟余先生有不同。余先生区别宋儒与明儒，认为整个宋代"智识主义与反智识主义的对立，虽然存在，但并不十分尖锐"（《中国思想传统的现代诠释》，183页）；下逮明儒，王阳明则把"儒学内部反智识主义的倾向推拓尽致"（《中国思想传统的现代诠释》，184页）。余先生曾谓韩非是中国"反智论"的高峰，此处又谓王阳明把"反智论""推拓尽致"，岂不是韩、王成了"兄弟"？可知以"反智识主义"而评王阳明学说，确有捍格不入的地方。故余先生才有下面的话："说王学是儒家反智识主义的高潮并不含蕴王阳明本人绝对弃绝书本知识之意。从他的思想立场上看，博学对于人的成圣功夫言，只是不相干。所以我们既不必过分重视它，也不必着意敌视它。"（《中国思想传统的现代诠释》，184页）他是"高潮"，岂有不"重视"、不"敌视"之理？著者认王阳明是"大知优先论"的"高潮"，肯定相当"重视"他，而另一些主"小知优先论"的人肯定就相当"敌视"他。

余先生曾用"伏流"一词，指称宋明儒学中的"反智识主义"（《中国思想传统的现代诠释》，185页），相当具有建设性。清代思想之"小知优先论"所以能成长壮大，正在于它的根是深植于七百年宋明儒学，乃至二千年整个中华文明之土壤中的。"小知"的种子自古即有，只是一直无力获得一个占上风的位置。满人的入关，提供了这样的一个机会，主观与客观的条件构成一种势力，促使"大知优先论"渐渐地退出历史舞台，而让"小知"也有机会一展风采。就此意义说，明、清之际考证学的兴起，决不只是一种孤立的方法论的运动，而是与儒学之由"尊德性"转入"道问学""有着内在的相应性"（《中国思想传统的现代诠释》，203页）。换言之，清代思想之出现，乃是"大知"、"小知"之地位嬗变的一个逻辑结果。虽未必具有必然性，但确实存在"逻辑上的关联"。

　　王阳明之后，明代儒学已逐步提高"小知"即"闻见之知"的地位。至清代，此一趋势变得更明显。清初顾亭林、黄梨洲、王船山三大儒，虽还偶尔流露出"大知优先"的倾向，但基本思想上已有转入"小知"的苗头。顾亭林以"博学于文，行已有耻"为口号，认为舍"多学而识"寻求不到"一贯之方"，已有重视"小知"的意味。刘宗周已重视"闻见之知"，黄梨洲继其后，提倡以渊博知识支撑德性之"理"，而有"读书不多，无以证斯理之变化"之言。梨洲出身王学，而竟有重"小知"之言，可知思想史确已出现一变态。王船山在不否认"德性之知"的同时，特别强调"闻见之知"的重要性，认为无见闻即无知识，无见闻知识之培养与启发，即无人心之所谓"灵明"。因为重"闻见"，所以重"经学"。清初顾亭林已提出"经学即理学"的思路，倡导经学研究，以为"道"、"理"等只能从六经等典籍中寻求。亭林曾提出"明道"与"救世"两大目标，"明道"即非研究经学不可。此即亭林心中之"理学"。

　　亭林又曾宣称"不关于六经之旨、当世之务"者，一概不为，颇得同道赞助。如黄梨洲就一面倡导"学者必先穷经",一面肯定"读书不多无以证斯理之变化",欲融理学与经学于一体。又如方以智亦明确提出"藏理学于经学"之主张,响应亭林之说法。清初各大师,可谓"同归而殊途",尽管学术背景、学术渊源各不相同,但所得结论却基本相同。可知"小知"抬头,确已成为清初一大潮流。因亭林气魄最大、态度最坚、位置最重、影响最大,故得"清学开山宗师"之尊称(《中国思想传统的现代诠释》,226—227页);其实清初各大师于清学开山,均有襄助之功。是他们共同开启一个"大知"渐衰、"小知"渐兴之新时代。延至清中叶,"道问学"终于取代"尊德性"(《中国思想传统的现代诠释》,231页),而居主导地位;"闻见之知"终于取代"德性之知",而居主导地位;"小知"终于取代"大知",而居主导地位。中国思想史上"小知对于大知之优先地位",终于确立。

　　从"尊德性"与"道问学"这个角度说,清代思想史就是"道问学"不断取得优势,并最终居优先地位于"尊德性"的历史。从"治事"与"经义"这个角度说,清代思想史就是"经世致用"不断取得优势,并最终居优先地位于"经义"的历史。从"德性之知"与"闻见之知"这个角度说,清代思想史就是"闻见之知"不断取得优势,并最终居优先地位于"德性之知"的历史。从"约"与"博"这个角度说,清代思想史就是"博"不断取得优势①(《中国思想传统的诠释》,277页),并最终居优先地位于"约"的历史。从"义理"与"训诂"这个角度说,清代思想史就是"训诂"不断取得优势,并最终居优先地位于"义理"②的历史。总之一句话,清代思想史就是"小知"不断取得优势,并最终居优先地位于"大知"的历史;是"小

---

① 余英时先生谓"清代儒学开始就标举一'博'字"。
② 如钱大昕即有"义理"无自性,必待"训诂"而后出之说,曰"有训诂而后有义理",可参见《潜研堂文集·经籍纂诂序》。

智"不断取得优势,并最终居优先地位于"大智"的历史。这两句话,就是著者对于清代思想史的一个"新解释"。

中国思想史上"大知(智)"的追求,所展示的是一种"理想"。这"理想"有如数学上的"圆"、物理学上的"真空"、陶渊明笔下的"桃花源",永远在人类的前头,引人追寻,却又永远"可望而不可即"。它是"可望"的,所以它才有诱惑力;它是"不可即"的,所以它才更有诱惑力。中国文化中"大知(智)"的理想,或广而言之"大人"的理想,就思想史上看,是萎缩于清代,尤其是清中时以后;就文学史上说,是萎缩于《红楼梦》,尤其是后四十回。余英时先生说《红楼梦》有两个世界,一个是大观园的世界,代表清,代表情,代表真,代表乌托邦;一个是大观园以外的世界,代表浊,代表淫,代表假,代表现实(《中国思想传统的现代诠释》,340页)。著者以为前者与"大知(智)"是一系,后者与"小知(智)"是一系;若谓《红楼梦》"主要是描写一个理想世界的兴起、发展及其最后的幻灭"(《中国思想传统的现代诠释》,356页),则著者亦可以说《红楼梦》主要是描写"大知"、"大智"的兴起、发展及其最后幻灭,换言之,主要是描写中国文化中"大人"的兴起、发展及其最后幻灭。这是著者读余英时先生《红楼梦的两个世界》一文,所联想到的一种"红学观"。

第四章

"大人"之"大仁"

在中国文化的系统中,自爱不是"仁",爱人才是"仁",爱物是"大仁";自利不是"仁",利人才是"仁",利物是"大仁"。所以如果说"仁"是要调节人与人之间的关系,则"大仁"就是除了调节人与人之间的关系以外,还要调节人与物之间、物与物之间的关系。故"大仁"之"大"不只是一个量的概念,它实是一个质的概念。

一、"小仁"与"大仁"

中国文化中少见"大仁"一词,更不见"小仁"一词,常见的只是"仁"字。"仁"实际上有两个层次,一层涉及人与人之间的关系,著者称为"小仁";一层涉及人与物、物与物之间的关系,著者称为"大仁"。此区分是著者的杜撰,未必尽符传统文化之原意,亦未必全能把古今思想讲通。

《左传》僖公三十三年载晋大夫臼季之言曰:"臣闻之,出门如宾,承事如祭,仁之则也。"此处之"仁"是"小仁"还是"大仁"?似是"小仁"。类似言论又见于《论语》,其言曰:

> 仲弓问仁,子曰:出门如见大宾,使民如承大祭。已所不欲,勿施于人。在邦无怨,在家无怨。仲弓曰:雍虽不敏,请事斯语矣。(《论语·颜渊》)

著者以为此处讲的"仁"依然只是"小仁",因它只涉及人与人的关系,而未涉及人与物、物与物的关系。不过《左传》讲的是"出门如宾,承事如祭",而《论语》讲的却是"大宾"、"大祭"。加了一个"大"字,意义肯定有些区别,但就"仁"的层次来说,著者以为依然是处于"小仁"一层,而非"大仁"。《国语·晋语》又有言曰:"优施教骊姬夜半而泣,谓公(按即晋献公)曰:……吾闻之外人之言曰:为仁与为国不同,为仁者爱亲之谓仁,为国者利国之谓仁。"此处之"仁",著者依然认定为"小仁",因为"爱亲"还不尽是"爱他","利国"还不是"利他国"。

老子说:"大道废,有仁义"(《老子》第十八章),又说"绝仁弃义,民复孝慈"(《老子》第十九章),此处之"仁",著者以为亦只是指"小仁"而言。在"大仁"一层上,在对待人与物、物与物之关系的态度上,儒、道两家并没有什么根本的不同。儒讲"大仁",道亦讲"大仁";道家安有"废"之"绝"之之理?庄子有"自我观之,仁义之端,是非之塗,樊然殽乱,吾恶能知其辩"(《庄子·齐物论》)之言,似乎对于"仁"亦持否定态度。但其所否定的依然只是"小仁",而非"大仁";以庄子的胸襟和气度,著者敢断言他绝无可能否定"大仁"。这是道家对于"仁"的一个基本态度。在这一点上,几千年来曾有几个道家的知心人,替它明确地表达心声?中国文化各学派的对立,只是"术"上的对立,而非"道"上的对立,换言之,只有"术"不同而没有"道"不同。儒、道两家所尊奉的"道",是相同的,这就是以仁爱之心对待天地万物,换言之,这就是"大仁"。

《吕氏春秋》论"仁",意义亦大致相同。其言曰:"仁于他物,不仁于人,不得为仁;不仁于他物,独仁于人,犹若为仁。"(《吕氏春秋·开春论·爱类》)仁仅施于物,而不施于人,不得视为"仁",甚至亦不得视为"小仁";仁仅施于人,而不施于物,虽可勉强得"仁"之称,但亦不过"小仁"而已。所以就儒家的系统而言,"小仁"是基础，"大仁"是理想；一个连"小仁"都不为或不愿为的人，是无论如何达不到"大仁"境界的。故在儒家系统中，"大仁"不是空言，而是"小仁"的进一步延伸与扩展。儒家强调这个基础，强调"小仁"对于"大仁"的关键意义，所以给人一个误解，好像儒家是专讲"小仁"而不讲"大仁"的。《吕氏春秋》说"仁也者，仁乎其类者也。故仁人之于民也，可以便之，无不行也"（《吕氏春秋·爱类》），"仁乎其类"只涉及人类，是"小仁"；儒家强调的就是这一类的"小仁"。故常常给人误解。

汉儒董仲舒试图给"仁"一个定义。其言曰：

> 仁之法在爱人，不在爱我；义之法在正我，不在正人。我不自正，虽能正人，弗予为义；人不被其爱，虽厚自爱，不予为仁。……爱在人谓之仁，义在我谓之义，仁主人，义主我也。（《春秋繁露·仁义法》）

整段话所谈的，就是"小仁"与"不仁"的区别：仅仅"自爱"，是"不仁"，仅仅"爱人"是"小仁"；"自爱"虽厚，不及他人，是"不仁"，"爱人"虽薄，人"被其爱"，却是"仁"，只是尚"小"。在此段话里，董仲舒还只涉及"小仁"的问题。

程颢讲"仁者浑然与物同体"（《河南程氏遗书》卷二上），就已涉及"大仁"问题。他说："若夫至仁，则天地为一身，而天地之间，品物万形为四肢百体。夫人岂有视四肢百体而不爱者哉？圣人，仁之至也，独能体是心而已。"（《河南程氏遗书》卷四）此处讲"至仁"、讲"仁之至"，有何意思？著者以为就是所谓"大人"，就是所谓"仁之大"。"大仁"跟董仲舒上段话所说的"仁"，很有不同：那"仁"只在"爱人"，而"大仁"却在爱天地万物。以天地为"一身"，以万物为"四肢百体"，则爱天地万物,亦就是"自爱",亦就是"爱我"。如此莫非又是返回到"不仁"之境界?其实不然。中国文化爱天地,天地虽为"一身",却不同于"小我"之身;中国文化爱万物,万物虽为"四肢百体",却不同于"小我"之肢体。故爱天地万物自"自爱"、"爱我"而言之,似"不仁";自"大我自爱"、"爱大我"而言之,则又是"大仁"。以此观之,"大仁"既是"不仁",又是"仁"。

二、从"他人"的角度看"大仁"

子贡问孔子,"博施于民,而能济众"可不可以叫做"仁"?孔子回答说,这不叫做"仁",而可叫做"圣",在"圣"这一方面,连最伟大的帝王尧、舜都还做得不够。"仁"可称为"己欲立而立人,己欲达而达人。"换言之,"仁"不过就是以己推人,设身处地,此之谓"能近取譬"(《论语·雍也》)。此处孔子只把"立人"、"达人"视为"仁",而不把"博施"、"济众"视为"仁";可知在孔子心目中,"圣"是处于"仁"之上的一个更高的境界。若将"仁"称为"小仁",则"圣"无疑就是"大仁"。

孔子既以"立人"、"达人"为"仁",则弄清"立"、"达"之含义,便有很重要的意义。孔子讲"三十而立"(《论语·为政》),此"立"字被何晏《集解》释为"有所成"。孔子又讲"立于礼,成于乐"(《论语·泰伯》)以及"不知礼,无以立也"(《论语·尧曰》),此两处"立"字亦含有所成、可以自立之意。孔子又有"可与共学,未可与适道;可与适道,未可与立;可与立,未可与权"(《论语·子罕》)之言,此"立"字处"权"与"道",似是懂得"道"但还不知"变通"的一种境界。孔子还有"臧文仲其窃位者与？知柳下惠之贤而不与立也"(《论语·卫灵公》)之言，此"立"字被邢昺《疏》释为"不称举与立于朝廷"，似是指担任一定公职而言。总起来看，孔子所谓"立"，似乎更多的是指"在社会上立足"，亦就是在已获得一定学识的前提下"开始贡献于社会"。再换言之，"立"就是开始超出"小我"而进入"大我"。故著者以为孔子所说"立"字的最好解释是：从"个人"而进入"社会"曰"立"，从"家庭"而进入"社群"曰"立"，从"小我"而进入"大我"曰"立"，从"学"而进入"用"曰"立"。

至于"达"字，《论语·颜渊》亦有说明。子张问"士何如斯可谓之达"，孔子反问"何哉尔所谓达者"，子张对曰"在邦必闻，在家必闻"。孔子说这叫做"闻"，不叫做"达"，"夫达也者，质直而好义，察言而观色，虑以下人，在邦必达，在家必达；夫闻也者，色取仁而行违，居之不疑，在邦必闻，在家必闻"(《论语·颜渊》)。此"闻"字，著者理解为名声在外，但败絮其中；"达"字，著者理解为名声在外，且货真价实。"闻"、"达"的共同点是名声在外，这和"立"字的"进入社会"义含意相同；区别在前者徒有虚名，而后者则名副其实。诸葛孔明曾有"苟全性命于乱世，不求闻达于诸侯"之言，"不求闻达"就是不求"名声在外"的意思。

著名哲学史家张岱年先生，曾释"立"为"有所成而足以无倚"。释"达"为"有所通而能显于众"①，释义虽很明确，但尚未突出"立"与"达"字的"社会"义：有所成而不贡献于社会，那不叫做"立"；有所通而不施之于社会，那不叫做"达"。"立"、"达"实际是两个"社会性"的概念。张先生突出此点不够，故著者以为其

---

① 张岱年：《中国哲学大纲》，256页，北京，中国社会科学出版社，1982。

解释不能谓之最好。至于著者之解释，当然亦不是最好，但至少亦可为一家之言。

"立"、"达"既是两个超出"小我"而进入"大我"的概念，则孔子所谓的"仁"的含义，也就很清楚了："仁"一定涉及"己"与"人"的关系，亦即"自我"与"他人"的关系；而"仁"之上的"圣"，则不仅涉及"己"与"人"的关系，还当涉及"己"与"物"的关系，"博施"、"济众"理应涉及到"物"，只是孔子没有明说而已。孔子讲"尧舜其犹病诸"，其所"病"应就是"病"在"己"与"物"的关系上；在"己"与"人"的关系方面，尧舜已经做得很好，甚至"最好"，已无"病"可说。可知孔子此处虽未明确论及"物"，但已暗含"物"之义："小仁"关涉"人"，"大仁"关涉"物"。

当然孔子强调的重点是"小仁"。如"樊迟问仁，子曰爱人"(《论语·颜渊》)，又如"惟仁者能好人，能恶人"(《论语·里仁》)，再如"其为仁矣，不使不仁者加乎其身"(《论语·里仁》)等。其"仁"字都只涉及"人"。另如"克己复礼为仁，一日克己复礼，天下归仁焉"(《论语·颜渊》)一段中，"仁"跟"礼"有关，只涉及到"人"；"樊迟问仁，子曰：居处恭，执事敬，与人忠，虽之夷狄，不可弃也"(《论语·子路》)一段中，"仁"跟"恭"、"敬"、"忠"有关，只涉及到"人"；"子张问仁于孔子，孔子曰：能行五者于天下为仁矣。请问之，曰恭、宽、信、敏、惠"(《论语·阳货》)一段中，"仁"跟"恭"、"宽"、"信"、"敏"、"惠"五者有关，只涉及到"人"；此外"仁者先难而后获"(《论语·雍也》)、"仁者其言也讱"(《论语·颜渊》)、"仁者必有勇"(《论语·宪问》)、"巧言令色鲜矣仁"(《论语·学而》)、"刚毅木讷近仁"(《论语·子路》)、"仁者不忧"(《论语·子路》)等言，均只是涉及"人"即"他人"一方面，均只是"小仁"。

由于"小仁"是基础性的，所以孔子从不以为难。孔子觉得"仁"

离我们不远,故有"我欲仁,斯仁至矣"(《论语·述而》)之言。他以为只要人有向"仁"之心,"仁"就是能够做到的,他说:"有能一日用其力于仁矣乎?我未见力不足者。盖有之矣,我未之见也。"(《论语·里仁》)"力不足"是能力不够,在"仁"这一点上,能力不够的人是没有的;也许有,但孔子说他没有看见。他以为"君子"在这方面就做得很好,因为"君子"知道"仁"就是他一生的使命。"君子去仁,恶乎成名"(《论语·里仁》),离开了"仁","君子"何能成为"君子"?以此"君子"才能做到"无终食之间违仁,造次必于是,颠沛必于是"(《论语·里仁》),以此"志士仁人"才能够做到"无求生以害仁,有杀身以成仁"。"仁"就是"君子"的生命,没有任何东西可以超越此生命。虽说"仁"不难,但孔子却很少许当时之人为"仁者",他心目中的"仁者"只有少数几人,如微子、箕子、比干、伯夷、叔齐、管仲等。这些人都是中国文化史上了不得的人物。孔子一方面只许这些了不得的人物为"仁者",一方面又说为"仁"不难,其间自有矛盾。著者以为即使是"小仁",也已相当难为,何况是"大仁"。

从"他人"的角度谈"仁",只能论及"小仁",而论不到"大仁",如此则以上所论岂不全无意义?著者的看法是:在"大仁"之题材下论"小仁",诚然是行有所偏,但不能谓全无意义,因为在中国文化的系统中,"大仁"不过是"小仁"的一个延伸与扩充而已;不明了"小仁",是不可能真正明了"大仁"的。故"小仁"虽"小",却依然有论及之必要。孟子也论"小仁",如他说"仁者以其所爱,及其所不爱;不仁者以其所不爱,及其所爱"(《孟子·尽心下》),讲的就是"小仁"。不过此处似另有深意:孔子以为"仁"就是己所不欲,勿施于人,不包含"己所欲施于人"之义;而孟子却说"己所欲施于人"其实就是"仁"。这真是开了一个很不好的先例,历史上很多丑恶都是在"己所欲施于人"的思维模式下实施的。

若谓"己所不欲勿施于人"是"仁",则"己所欲施于人"就有可能变成最大的"不仁"。"己所欲施于人"于一般人倒不会引起太大危害;坏就坏在当官者,当他以此种思维去看待属下时,有很大一批人可能就要遭殃。他自己是有官瘾的,他就以为其他人都有官瘾,于是制定出以官职大小分配利益之政策,且自以为反映了"民意",政策一出,那些自始即无官瘾,因而从无一官半职的"白丁",自然是分不到任何利益,岂不遭殃?在很大程度上,可说"己所欲施于人"之原理,正是中国一切罪恶之渊源,或曰"罪恶渊薮"。"人权"更多的不是表现为"欲为而能为之",而是表现为"不欲为而能不为之";在著者心目中,"不欲为而能不为之"永远是高于"欲为而能为之"的;一个能满足"不欲为而能不为之"之要求的社会,永远要比一个只能满足"欲为而能为之"之要求的社会,更开明,更进步,更伟大,更合乎人性。以此著者判定孔子"己所不欲勿施于人"之原理,要比孟子"己所欲施于人"(他名为"以其所爱及其所不爱")之原理,更开明,更进步,更伟大,更合乎人性。虽都只论及"小仁",但意义已有很大不同。

孟子论"小仁"的文字,还有很多。如"恻隐之心,仁之端也"(《孟子·公孙丑上》)、"强恕而行,求仁莫近焉"(《孟子·尽心下》)、"仁也者,人也,合而言之,道也"(《孟子·尽心下》)、"仁,人之安宅也"(《孟子·离娄上》)、"仁,人心也"(《孟子·告子上》)、"人能充无欲害人之心,而仁不可胜用也"(《孟子·尽心下》)、"亲亲仁也"(《孟子·尽心下》)等等,这些文字讲"仁",都没有超出人际关系的范围,因而都只能视为"小仁"。

汉儒董仲舒也有论"小仁"的文字,如前文所引"仁之法在爱人"(《春秋繁露·仁义法》)等言,就是。他另有"故仁者所以爱人类也"(《春秋繁露·必仁且智》)、"仁者爱人之名也"(《春秋繁露·仁义法》)等言,也是。至宋，便很少再见到论"小仁"的文字，如程颐"仁者固博爱，然便以博爱为仁，则不可"（《河南程氏遗书》卷十八）等言，就是驳斥"小仁"的。韩愈以"博爱"为"仁"，气魄宏大，虽未超出人际关系之范围，但已并非一般"小仁"所能比。虽已至此，程颐却还不满足，判其为"非也"。在宋儒心中，"仁"而不超出人际关系之范围，就不能谓之"大"，甚至就不能谓之"仁"。如程颐就认孟子所谓"恻隐之心"不为"仁"，而有"爱自是情，仁自是性，岂可专以爱为仁"（《河南程氏遗书》卷十八）等言。可知宋儒与周儒，确已有很大区别：周儒以"小仁"为重心，宋儒则以"大仁"为重心；周儒少论"大仁"，宋儒少论"小仁"；周儒重人与人之关系，宋儒重人与物，尤其是物与物之关系。宋儒获得的这一重要进展，著者以为就跟禅宗在中国的成立，有直接的关联。或简言之，禅成就了宋儒的"大"！

三、从"万物"的角度看"大仁"

早些年著者总以为儒家所说的"事事物物",都是指人事而言,因为儒家强调的是人伦,依惯常的思维,人伦是无论如何运用不到"万物"上去,而变成"物则"和"天理"的。近几年的思考所得,彻底改变了原来的看法,发现人伦、物则和天理在儒家那里,在整个中国文化那里,原来都是通的,就是通的。这在西方的思维框架中,简直不可思议;但这正是中国文化的特色。中西文化决不只是"古今之别",而是根本上就有"中外之别"。且"中外之别"要远重于"古今之别"。抓不住这一点,而去研究近现代中国所谓"文化观",可说是牛头不对马嘴。西学东渐以来,除极少数"先知先觉者",中国几乎所有的思想家都只看到"古今之别",看不到或不愿看到"中外之别",从而把中国之"圆"硬套进西方之"方",怎不叫人扼腕叹息!

认识到中国文化可以打通人伦、物则和天理,中国文化根本不承认自然律、社会律、思维律等等之区别,可说就是著者的"桶底脱落"(禅宗用语),就是著者的"豁然开朗",就是著者的"开悟",就是著者的"得道"。著者"人门",耗了将近四十年的光阴;所以著者不敢相信那些二十多岁的年轻"精英",已然"得道"。天才是有的,如王弼,如慧能,但几千年中国思想史上,这样的天才能有几位?现在的所谓"精英"们,有谁敢自比于这样的天才?

回到"大仁"。从"万物"的角度来说,"大仁"调整的就是人与物、物与物之间的关系。这方面孟子似是"先知先觉"者。他最先说出这样的话:"万物皆备于我矣,反身而诚,乐莫大焉。"(《孟子·尽心上》)"备于我"就是与"我"相通,他以为天地万物都是与"我"相通的,其间没有任何隔阂与障碍。他又说"夫君子所过者化,所存者神,上下与天地同流,岂曰小补之哉?"(《孟子·尽心上》)"上下与天地同流"就是上下与天地相通。孟子又讲"居天下之广居"(《孟子·滕文公上》),又讲"塞于天地之间"(《孟子·公孙丑上》)等,都是旨在强调人、物之相通以及物、物之相通,都是旨在强调"仁"之"大"。

孟子论"仁"与"物"之关系云:"君子之于物也,爱之而弗仁;于民也,仁之而弗亲。亲亲而仁民,仁民而爱物。"(《孟子·尽心上》)著者的解读是:"爱"即"大仁","仁"即"小仁";"小仁"自"亲亲"而来,施于"民";"大仁"自"仁民"而来,施于"物"。故"君子之于物也,爱之而弗仁"一句,是很好解读的,"君子"对待"物"只能是"大仁","大仁"不是一般的"仁",故曰"弗仁"。孟子又说:"舜明于庶物,察于人伦,由仁义行,非行仁义也。"(《孟子·离娄下》)"庶物"与"人伦",通行"仁义"之规则,这"仁"就是"大仁",这"义"就是"大义"。孟子又有"尧舜之知,而不徧物"、"尧舜之仁,不徧爱人"(《孟子·尽心下》)等言,表达的也是相同意思。

董仲舒曾论"小仁",但亦有专论"大仁"之文字。其"质于爱民,以下至于鸟兽昆虫莫不爱,不爱,奚足谓仁"(《春秋繁露·仁义法》)之言,是最为明确的"大仁"之言。首先是"爱我",其次是"爱人"

或"爱民",再次是"鸟兽昆虫莫不爱"。"爱我"不谓"仁","爱人"或"爱民"谓之"小仁","鸟兽昆虫莫不爱"则可谓之"大仁"。董仲舒又有文字云:

> 何谓仁?仁者憯怛爱人,谨翕不争,好恶敦伦,无伤恶之心,无隐忌之志,无嫉妒之气,无感愁之欲,无险诐之事,无辟违之行。故其心舒,其志平,其气和,其欲节,其事易,其行道,故能平易和理而无争也。如此者,谓之仁。

(《春秋繁露·必仁且智》)

此段话虽未直言"物"字,但亦涉及"心"、"志"、"气"、"欲"、"事"、"行"等不尽为人事的概念,故亦可视为言"大仁"之文字。

宋儒新气象,至张载而成规模。张载心中之"仁",几已全是"大仁"矣。他说"天体物不遗,犹仁体事无不在也"(《正蒙·天道》),字面上好像是"物"、"事"分开,天体"物"而仁体"事",实际上都是一贯的,天所体即是仁所体,仁所体即是天所体。程颢有"仁者浑然与物同体"以及"此道与物无对,大不足以名之,天地之用皆我所用"(《河南程氏遗书》卷二上)等言,论及"仁"与天地万物之关系。程颐则有"物我兼照故仁"(《河南程氏遗书》卷十五)之言,明显是要打通物我之间以及物物之间的隔阂。程颢曾有以人为天地万物之"心"、以心为天地万物之"仁"的思想,他称为"万物一体",认为"所谓万物一体者,皆有此理,只为从那里来。……放这身来,都在万物中一例看,大小大快活"(《河南程氏遗书》卷二上),打破小我,一体平看,就能冲破个体生命与形体之束缚,进入万物一体之境。在此境界上谈"仁",当然就是"大仁",故程颢有"仁者以天地万物为一体,莫非己也"(《河南程氏遗书》卷二上)之言,并发出"认得为己,何所不至,若不有诸己,自不与己相干"(《河南程氏遗书》卷二上)之感慨。他认为人之所以不能识得"仁体",就因为被形体限隔了,只要放开心胸,置身于天地万物之大环境中,就能整合物我,识得"大仁"。他说:"天地细缊,万物化醇,生之谓性,万物之生意最可观。此元者善之长也,斯所谓仁也,人与天地一物也,而人特自小之,何耶?"(《河南程氏遗书》卷十一)人与天地万物本一体,所以不一体,就因为人"自小",自己小看了自己,自己局限了自己。"以己及物,仁也"(《河南程氏遗书》卷十一),"大仁"不是天生就有的,而是人用自己的努力争取得来的。"人特自小之",就没有"大仁";"人特自大之",就有"大仁"。

程颢以人为天地万物之"心"、以心为天地万物之"仁",朱熹则反之,以"仁"为天地万物之"心",人得此"心"而为自己之"心"。他说:"天地以生物为心,而所生之物,因各得夫天地生物之心以为心,所以人皆有不忍人之心也。"(《孟子集注》卷三)"不忍人之心就是"仁"。"仁"自何来,"仁"就来源于天地万物之"心";天地万物之"心"是何心,天地万物之"心"就是所谓"仁"。故朱熹有"不忍者仁之发,而仁者天地万物之心,而人之所得以为心者也"(《孟子或问》卷一)之言,天地万物之"心"就是"仁",人得天地万物之"心"以为心,当然就是得"仁",亦即"大仁"。朱熹更有"惟仁然后与天地万物为一体"(《朱子语类》卷六)之言,说明"仁"乃是进入物我一体、物物一体之境的基本前提,更是"大仁"与天地万物密切相关。

陆象山虽不讲"天地之仁",但在其理论系统中,"人心之仁"即是"天地之仁",故他依然不能不讲"仁"与天地万物的关系。象山说:"夫子以仁发明斯道,其言浑无罅缝,孟子十字打开,更无隐遁,盖时不同也。"(《陆九渊集·语录上》)此处以"本心"之"四端"发明人等之"善","仁"既是本心,又是天地之心,既关涉人,又关涉天地万物,象山又有"苟不出于文致而当其情,是乃宽仁也"(《陆九渊集·语录上》)之言,是批驳所谓"宽仁"的。"宽仁"的特点是无原则的"姑息",自然只是"小仁"。"大仁"的特点是"出于文致而当其情",自然涵盖天地万物。

王阳明是讲"天地万物一体之仁"的最重要代表,讲得最多,也讲得最透。他晚年著《大学问》,就是专讲"天地万物一体之仁"的。其所讲"大人之学",就是以到达"天地万物一体"之境为最终目的。他以为"仁心"根植于每个人心中,"仁心"是"根于天命之性而自然灵昭不昧者"(《王文成公全书·大学问》)。换言之,"仁心"是不需要努力,不需要争取的,它是与生俱来,无时不在的。"自然灵昭不昧",就是自己彰显、自己流露之意,"仁心"是可以自然流露的。从根源上说,"仁心"是"天命之性";从表达上说,"仁心"又是各个个人的"自然灵昭不昧"之心。这两方面的合一,就构成为天地万物一体之境。故王阳明又把"大仁"称为天地万物"一体之仁"(《王文成公全书·大学问》)。他以为见孺子入井而有恻隐之心,是与同类者"一体";见鸟兽哀鸣而有不忍之心,是与知觉者"一体";见草木摧折而有悯恤之心,是与有生意者"一体";见瓦石毁坏而有顾惜之心,是与无生命者"一体"(《王文成公全书·大学问》)。正因为"人心与天地同体",所以人才能"上下与天地同流"(《传习录》下)。"同流","流"什么?"流"的就是"仁心"。此"仁"自人心"流"向天地万物,又自天地万物"回流"至人心,就是所谓"大仁"。故阳明曰:"心学纯明而有以全其万物一体之仁,故其精神流贯,志气通达,而无有乎人己之分,物我之间。"(《传习录》中) 无"人己之分",就是人己之间无隔阂;无"物我之间",就是物我之间无隔阂。两方面均"流贯通达",就是"大仁",就是"万物一体之仁"。可知阳明先生的境界,确是高远,其"天下犹一家,中国犹一人"之言,不为虚言。

刘宗周曾发驳斥阳明先生之言论,认为阳明"仁者以天地万物为一体"之论不能成立,而应谓"人以天地万物为一体"(《刘子全书》卷十九,

《答履思五》)。著者以为这是刘氏误解之论。阳明并未说"仁者以天地万物为一体",而只说"仁者与天地万物为一体"。换言之,阳明以为只有"仁人"(并非所有"人")才能进入人己、物我以及物物一体之境;尚未成为"仁人"的"俗人"或"小人",是无缘睹此境界的。而"俗人"或"小人"又如何才能成为"仁人"?阳明指出的方法是:克去"形体之小"、"私欲之蔽"。宗周现以阳明克"形体之小"、"私欲之蔽"为不必要,实是不了解阳明,或曰误解了阳明。宗周以为阳明是先设定人己为二、物我为二,然后设法合为一体,故实际承认了"隔膜"之存在。其实阳明并无此意,阳明从一开始就不可能有先分而后合的想法。

宗周有言曰:"若人与天地万物本是二体,必借仁者以合之,早已成隔膜见矣。"(《刘子全书》卷十九,《答履思五》)此处所讲"借仁者以合之",决不是阳明原来的意思。宗周又说:"人合天地万物以为人,犹之心合耳目口鼻四肢以为心。今人以七尺言人而遗其天地万物皆备之人者,不知人者也;以一膜言心而遗其耳目口鼻四肢皆备之心者,不知心者也。"(《刘子全书》卷十九,《答履思五》)句中所斥"今人",虽非专指阳明先生,但至少包括阳明先生等"理学家"在内。回检历史,可知阳明并未"以七尺言人",亦并未"以一膜言心";阳明的"人"是与天地万物为一体的"大人",阳明的"心"是能打通天人物我之隔阂的"大心"。要说"人",比较而言,宗周所说"合天地万物以为人"的"人",还真是"小人";要说"心",宗周所说"合耳目口鼻四肢以为心"的"心",还真是"小心"。人之"大"不在其合天地万物而成,而在其虽非合天地万物而成,却能与天地万物为一体;心之"大",不在其合耳目口鼻四肢而成,而在其虽非合耳目口鼻四肢而成,却能抟耳目口鼻四肢如一人。很有学者抬高宗周而贬抑阳明,著者以为甚为不妥。

总之从"万物"的角度而看"大仁","大仁"就是"天地万物一体"的境界。

四、从"生生"的角度看"大仁"

天地万物"生生不息",谓之"生意"。"生意"乃是天地万物"可久可大"、"天长地久"、"悠久成物"之根本的基础,故《易传》有"生生之谓易"之言,又有"天地之大德曰生"等言。"仁"而以"生生"为根本义,表明"仁"不仅可为"大仁",而且可为"大大仁"。

宋儒周敦颐首先明确提出"生,仁也"《通书·顺化》之命题,规定"生"就是"仁"。著者以为"生"与"生生"应有区分:"生"如父生子,"生生"如父生子、子生孙以至无穷。"生"相对较易,"生生"则很不容易,因为它有赖于建立起一套绵延不已的机制。此机制在自然界,就是基因的复制;而在社会、思维等界,却难以长成此种"基因"。周敦颐规定"生"即"仁",著者以为实包含"生"即"仁"与"生生"即"仁"两方面,因为"仁"若仅限于"生",便难以为"大"。周敦颐是讲"大仁"的,故他理应兼讲"生"与"生生"。

张载亦认为天地的惟一使命,就是"生物"。"生物"就是天地的"心",故张载有"天地之大德曰生,则以生物为本者,乃天地之心也"(《横渠易说·上经·复》)之言,亦有"天地之心惟是生物,天地之大德曰生也"(《横渠易说·上经·复》)之言。天地并不是故意要"生物"的,它的"生物"是"自然而然",因为离开了"生物",天地本身也不可能存在。它"生物"无穷无尽,它本身才能无穷无尽;它"生物"生生不息,它本身才能生生不息。以此了解张子"天无心,心都在人之心"(《经学理窟·诗书》)之言,便知天的"生物"之心,其实"都在人之心":人之心为"仁",则能"生物";人之心不为"仁",则无以"生物"。此种观点用之于《西铭》,便有"天地父母"、"物与同胞"等说法,根本宗旨就是不仅要打通人与人之间的隔阂,尤其要打通人与物、物与物之间的隔阂。

二程提出"生生之理便是仁也"(《河南程氏遗书》卷十八)之命题,更是直接将"生生"与"仁"等同起来。他们以为"仁"源于天道"生生"之理;此理又具于人心,而成为人之所以为人之性。其言曰:"仁,理也。人,物也。以仁合在人身言之,乃是人之道也。"(《河南程氏外书》卷六)"生生"之理虽为天道,但其实现于人则为人道,故此处人道即是天道。天道既是"生生"之理,"生物"不息,却为何又要降为人道,不能自足?就因为天地无手,必假人之手方能实现其"生生"之理;否则天道反成"耽搁"。人生此世之价值与意义,正在替天行道,帮助天地完成其"生物"与"生生"之使命。故二程才有"心譬如谷种,生生之理便是仁也"(《河南程氏遗书》卷十八)之言。总之"生"与"生生",乃是"仁"之最根本特征。

朱熹所提"仁是天地之生气"(《朱子语类》卷六)等命题,同样是强调"生生"与"仁"的紧密关系。朱子明言:"要识仁之意思,是一个浑然温和之气,其气则天地阳春之气,其理则天地生物之心。"(《朱子语类》卷六)"仁"就是"天地生物之心"。朱子又言:"看来人之生,便自是如此,……既自会如此,便活泼泼地,便是仁。"(《朱子语类》卷六)"活泼泼"是"生"的特性,"仁"是"活泼泼地",便知"仁"就是"生"。人的恻隐、不忍、慈爱等,就是此"生理"之发用流行。如此则朱熹从自然之生生不息与发育并行,推出天地有"生物之心"、"生生之理",并以此规定"仁"之本性,使人世间、天地间均"活泼泼地",均富有"生意"。

王阳明亦曾直接把"仁"规定为"造化生生不息之理"(《传习录》上)。他以为天地万物"生生"之理,"虽弥漫周遍,无处不是,然其流行发生只是个渐,所以生生不息"(《传习录》上)。天地万物所以"生生不息"的根本原因,就在一个"渐"字,就是父生子、子生孙、孙生重孙式的层迭累积。"仁"既是天地万物"生生不息之理",则此"生生不息之理"总得有个"发端处",阳明以为这发端处就是天地之"心"。同理,人得此"生生不息之理"以为"仁",此"仁"亦总得有个"人心生意发端处",阳明以为这发端处就是"良知灵觉"。阳明以为人心是不假外求、自然灵昭的,换言之,人心就是一种"灵明"。而此"灵明"之心,就是"仁"心亦就是天地万物之"心"。

刘宗周虽不承认阳明以个体"灵明"之心为天地万物一体之仁之"发端处",但却依然肯定"仁"与"生生之理"的关系。他依然肯定天地万物"生生之理",其实就是"仁"之源。他说:"仁乃其生意,生意之意,即是心之意,意本是生生,非由外铄我也。"(《刘子全书》卷十二,《学言下》)"仁"以"生意",为核心,"生意"以"生生"为核心,"仁"跟"生"总有直接的关系。宗周另一段话,把此理说得更为明白:"天地以生物为心,人亦以生物为心,本来的心便是仁,本来的人便是仁。故曰'仁,人心也',又曰'仁者,人也'。仁只是浑然生意,不落善恶区别见。"(《刘子全书》卷三十,《论语学案·颜渊第十二》)重点是"仁只是浑然生意"七字,何等明确,何等清晰!他以为"盈天地间只是个生生之理,人得之以为心,则为仁"(《刘子全书》卷八,《读书说要义》），谈"仁"与"生生之理"之关系，同样是何等明确，何等清晰！

王夫之讲"仁"是"己与万物所同得之生理"（《张子正蒙注·至当》），讲"仁者，生理之函于心者也"（同上），又何尚不是直接立足于"生理"而谈"仁"。

戴震亦然。他释"仁"曰："仁者，生生之德也。"（《孟子字义疏证·仁义礼智》）又说："气化流行，生生不息，仁也。"还说："……在天为气化之生生，在人为其生生之心，是乃仁之为德也。"（《孟子字义疏证·仁义礼智》）每句话都直指"仁"与"生生"之等值关系。他又有"一人遂其生，推之而与天下共遂其生，仁也"（《孟子字义疏证·仁义礼智》）等言，更是既说明了"仁"与"生"之关系，又说明了"大仁"之真正含义。"一人遂其生"不为"仁"；推而及于他人，"小仁"；推而及于天下，方为"大仁"。这是明确把"大仁"与"生"挂上钩。对此戴震有相关言论曰："人之生也，莫病于无以遂其生。欲遂其生，亦遂人之生，仁也；欲遂其生，至于戕人之生而不顾者，不仁也。不仁实始于欲遂其生之心，使其无此欲，必无不仁矣；然使其无此欲，则于天下之人生道穷促，亦将漠然视之。己不必遂其生，而遂人之生，无是情也。……圣人治天下，体民之情，遂民之欲，而王道备。"（《孟子字义疏证》卷上，《理》）虽只谈到"小仁"，但由此亦可推出"大仁"情形之一斑。

五、从"流通"的角度看"大仁"

此处所谓"通",就是"打通"。不仅要"打通"人与人、人与物,更要"打通"物与物;不仅要"打通"人道与人道、人道与天道,更要"打通"天道与天道;不仅要"打通"人界与物界、物界与神界,更要"打通"神界与神界。总之遍江河没有"水坝",就是江河"通";遍人体没有"血栓",就是血脉"通"。"通"就是无"栓"。

以此观察中国思想中之"仁",可知"仁"正就是"通"的典范。中医中"麻木不仁"一语,正表示"塞"就不是"仁"(此处"麻木"即"塞",即"栓")。宋儒张载就曾直接以"通"明"仁",留下"仁通极其性"(《正蒙·至当》)等语。程颢甚至直接以中医明"仁",留下"切脉最可体仁"(《河南程氏遗书》卷二上)之语。他以为人有知觉,故能知痛痒,血脉流通,故能言有机。"医书言手足痿痹为不仁",就是指不知觉、不流通而言,不知觉、不流通就不能称之为"仁"。此即所谓"麻木不仁"。个人之"小有机体"如此,人与天地万物所构成之"大有机体",更是如此。人心即天地万物之心,人心之觉即天地万物血脉流通，生生不息之自觉。"小有机体"有大脑为其觉，有觉即"通"，"通"即"仁"；"大有机体"有人心为其觉，有觉即"通"，"通"即"仁"。可知"大有机体"之仁，就是"大仁"。故程颢有"仁者以天地万物为一体，莫非己也"（《河南程氏遗书》卷二上）等语存世。

胡宏曾以"遍该流通"（《知言》卷四）一语讲"仁"，亦重在一个"通"字。他说："自观我者而言，事至而知起，则我之仁可见矣；事不至而知不起，则我之仁不可见也。自我而言，心与天地同流，夫何间之有？"（《知言》卷二）"流"就是"流通"，"间"就是隔阂。既"流通"，则无隔阂，无隔阂即是"仁"矣。故胡宏提出"仁者，天地之心"（《知言》卷一）之命题，"仁"既是"遍该流通"的，则天地万物间当然就是"遍该流通"的。胡宏的"天地之心，生生不穷者也，必有春秋冬夏之节，风雨霜露之变，然后生物之功遂"（《知言》卷一）等言，也最好从"遍该流通"的角度去理解。

朱熹也曾以"流通"明"仁"，而留下"以仁为爱体，爱为仁用，则于其血脉之所系，未尝不使之相为流通也"（《论语或问》卷四）等语。"仁"的特性和功用，就是"相为流通"。朱子虽曾批评二程弟子谢上蔡（良佐）"论仁以觉以生意"等说法，但朱子并没有因此而否认"仁"与"觉"与"通"的关联性。他说："仁固有知觉，唤知觉做仁却不得。"（《朱子语类》卷六）"知觉"以"通"为职志，则朱子的意思就是："仁"固然是"通"的，但"通"却不即等于"仁"。"仁"以"通"为特色，但不以"通"为惟一秉性。朱子更著《仁说》，发明"仁"之"流通"义，曰："天地以生物为心者也，而人物之生又各得夫天地之心以为心者也。故语心之德，虽其总摄贯通，无所不备，然一言以蔽之，则曰仁而已矣。"（《朱文公文集》卷六十七，《仁说》）"仁"就是"总摄贯通，无所不备"，亦就是"流通"于天地万物间，绝无间隔。

刘宗周论"仁"，以"通"为上。他以为充盈天地间的，只是一个"生生之理"，人得此"生生之理"以为心，便是"仁"。"仁"之特色为"通"："惟其为万物之所同得，故生生一脉，互融于物我而无间。人之所以合天地万物而成其为己者，此也。人而不仁，则生机到处隔截，能孑然独处而为人乎。"（《刘子全书》卷八，《读书说要义》）"到处隔截"就是"不通"，"不通"就是"不仁"；"互融于物我而无间"就是"通"，"通"就是"仁"。宗周之论，实为至当。

王廷相更是明确提出"仁者与物贯通而无间者也"（《慎言·作圣》）之命题，把"仁"规定为"与物贯通"，而非"与人贯通"。此"仁"正就是"大仁"。他以为从"贯通而无间"这个角度去看"仁"，"万物并看而不相害，道并行而不相悖"就是"天地之仁"，"老者安之，朋友信之，少者怀之"就是"圣人之仁"，总之是"物各得其所，谓之为仁"（《慎言·作圣》）。这里的"圣人之仁"可谓"小仁"，"天地之仁"可谓"大仁"。

戴震亦以"通"明"仁"，曰："自人道通之天道，自人之德性通之天德，则气化流行，生生不息，仁也。"（《孟子字义疏证·仁义礼智》）此处明确了"通"的范围，就是自人道"通"天道、自人德"通"天德，简言之，就是自人"通"物，自我"通"物，自人伦"通"物则、天理。有此"通"则有"气化流行，生生不息"；有"气化流行，生生不息"，则有"仁"。或曰有"通"即有"生"，有"生"即有"仁"。又或曰"通"即"生"，"生"即"仁"。

"通"总跟"心"、"觉"等词有关，故讲"通"的人，一般也讲"心"、讲"觉"。如胡宏就有"万物生于天，万事宰于心"、"仁者，天地之心"等言。又如朱熹，既有"仁者天地生物之心，而人之所得以为心"（《孟子或问》卷一）之言，又有"仁即心也，不是心外别有仁也"(《朱子语类》卷六十一)、"心有不仁,心之本体无不仁"(《朱子语类》卷九十五)、"只是一个心,便自具了仁之体用(《朱子语类》卷六)等言。再如刘宗周,亦讲"心",曰:"天地以生物为心,人亦以生物为心,本来的心便是仁,本来的人便是仁。"(《刘子全书》卷三十,《论语学案·颜渊第十二》)此处明显就是以"心"训"仁"。又如王夫之,虽反对以"心"等同于"仁",但并不否认"心"与"仁"之密切关系,如其"心则只是心,仁者心之德也"(《读四书大全说》卷十,《孟子·告子上》)之言,就肯定"仁"乃"心"的一项职能。船山又有"仁义者,心之实也,若天之有阴阳也。知觉运动,心之几也,若阴阳之有变合了"(《读四书大全说卷八,孟子·梁惠王上》)之言,亦是说明"仁"为"心"之职能,犹如阴阳为天之职能。

总之,讲"通"的哲学家,总免不了要讲"心"、讲"觉"。而他们之所以必讲"心"、讲"觉",就因为无"心"、无"觉",就无以"通",换言之,"通"是以"心"、"觉"为媒介、为前提的。"通"只有以"心"、"觉"为基础,在"心之灵"、"觉之明"的前提之下,才有可能实现,才有可能变成现实。由"心"、"觉"而有"流通",而有"贯通",而有"打通",总之,而有"仁"。可知讲"仁"(尤其是讲"大仁")而不讲"心"、不讲"觉",是很不现实的。

六、从"利益"的角度看"大仁"

从"利益"的角度看"仁",可以说"自利"不是"仁","利他"可视为"小仁","利天下"可视为"大仁"。"仁"而可从"利益"的角度去讲,是墨家及其后学提供的新视野,做出的新贡献。中国文化的主体,包括儒、道、释等,是不从或少从"利益"的角度讲"仁"的;惟独墨家及其后学,就专从"利益"的角度讲"仁"。墨家开拓这一片新天地,告诉我们思维的视角确可以无限。限制思维的视野,堵塞思维的通道,可说就是最大的"不仁";墨家在中国思想史上的断子绝孙,也许就是此种最大"不仁"的最典型表现。

墨子有名言曰:"仁人之所以为事者,必兴天下之利,除去天下之害,以此为事者也。"(《墨子·兼爱中》)此处将"仁人"规定为"兴利除害"之人,明显是以"利"说"仁"。墨子又有"仁人之事者,必务求兴天下之利,除天下之害"(《墨子·兼爱下》)之言,所论亦是同一观点。均在强调"利"即"仁"、"害"即"不仁"之主旨。至于何为"利",何为"害",墨子也有明确的说明。他以为"兼"就是"利"、"别"就是"害",故有"兼之所生,天下之大利者也"、"别之所生,天下之大害者也"《墨子·兼爱下》等言。再往下推,何谓"兼"、何谓"别",又成为问题。墨子断然答曰:"兼"就是"视人之国若视其国,视人之家若视其家,视人之身若视其身"《墨子·兼爱中》,而"别"就是视人之国不若己之国,视人之家不若己之家,视人之身不若己之身。既然是"兼"生"利"而"别"生"害","仁人"当然就是兴"兼"而除"别";既兴"兼"而除"别",则"仁人"肯定就得做到"视人若视己"。

"兼"的根本内容是"爱",墨子合称为"兼相爱";"兼"能生"利",则"兼相爱"的结果就是"兼利",墨子称之为"交相利"。墨子有"凡天下祸篡怨恨,其所以起者,以不相爱生也,是以仁者非之"《墨子·兼爱中》之言,说明"仁者"是反对"不相爱",亦即反对"不兼爱"的。既反对"不兼爱",自当以"兼相爱交相利之法"易之《墨子·兼爱中》。易之的结果,就是"视人若视己";而"视人若视己"正就是"仁"。

"兼"可生天下之大利,"别"可生天下之大害,故应以"兼"而代"别"。墨子称此为"兼以易别"《墨子·兼爱下》。"兼以易别"的结果,是"使天下人兼相爱"《墨子·兼爱上》。"天下人兼相爱"的结果,是形成一个"爱人若爱其身"、"视父兄与君若其身"、"视弟子与臣若其身"、"视人之室若其室"、"视人身若其身"、"视人家若其家"、"视人国若其国"的"天下治"《墨子·兼爱上》的大好局面。

持"兼"之看法者,被墨子称为"兼士";持"别"之看法者,被墨子称为"别士"。"别士"以吾友之身不若吾身,吾友之亲不若吾亲为"言",以"退睹吾友,饥即不食,寒即不衣,疾病不侍养,死丧不葬埋"为"行"。"兼士"相反,"兼士"是以"其友之身若为其身"、"其友之亲若为其亲"为"言",又以"退睹其友,饥则食之,寒则衣之，疾病侍养之，死丧埋葬之"为"行"（《墨子·兼爱下》）。"别士"之言非"仁言"，"别士"之行非"仁行"；反之，"兼士"之言即"仁言"，"兼士"之行即"仁行"。简言之，墨子以为"兼士"就是"仁人"，而"别士"则反之。故墨子有"兼者圣王之道也，王公大夫之所以安也，万民衣食之所以足也，故君子莫若审兼而务行之"（《墨子·兼爱下》）之言，又有"此圣王之道，而万民之大利也"（《墨子·兼爱下》）之言，此"圣王"、"君子"实即是"仁者"之代名词。

墨子为何要特别强调兴"兼"而除"别"？就因为"兼"不断扩展的结果，是有"利"于天下所有人，而"别"不断扩展的结果，是有"害"于天下所有人。"兼"则人己两益，"别"则人己两不益。因为"爱人者人必从而爱之，利人者人必从而利之"（《墨子·兼爱中》），结果"爱"的领域不断扩大，"利"的方面不断增多，终至于"仁"。反之亦然，"恶人者人必从而恶之，害人者人必从而害之"（《墨子·兼爱中》），结果"恶"的领域不断扩大，"害"的方面不断增多，终至于"不仁"。强调兴"兼"而除"别"就是力图把"爱"与"利"扩展至最大值，以至于无穷；同时把"恶"与"害"减少至最小值，以至于无。

墨子以"利"论"仁"，强调"视人若视己"、"爱人若爱己"，莫非墨子之说仅限于"小仁"不成？是又不然。墨子之言，确是以涉及"小仁"处为多（即以涉及人与人之关系为多），但其视野，却是涵盖"大仁"的。着言不多，不意味着就不讲"大仁"。如其"凡言凡动，利于天鬼百姓者为之；凡言凡动，害于天鬼百姓者舍之"（《墨子·贵义》）之言。就超越了人与人之关系（"百姓"即是），而达到了物界（如"天"）与神界（如"鬼"）。此处之言"利"、言"害"，就超出了"小仁"的范围。应该说"利"百姓者是"小仁"，"利"天、"利"鬼者即可视为"大仁"。此外孟子描绘墨子是"墨子兼爱，摩顶放踵，利天下为之"(《孟子·尽心上》)，庄子描写墨子是"兴天下之利，除天下之害"(《庄子·天下》)，均以"天下"论墨子，此"天下"两字，自不当以"小仁"视之。最直接的"大仁"文字，是墨子释《尚书》之言。《尚书·泰誓》有"文王若日若月，乍照光于四方，于西土"之文字，墨子释为"文王之兼爱天下之博大也，譬之日月，兼照天下之无有私也"，并特别称此为"文王兼"(《墨子·兼爱下》)。"天下之博大"、"兼照天下"等语，非"大仁"是无以担当的。故若谓墨子以"利"论"仁"只限于"小仁"，著者以为证据不足。

七、从朱熹之《仁说》看"大仁"

朱熹著《仁说》,重在以"通"论"仁"。起篇即以"总摄贯通,无所不备"为"仁"之内涵。"无所不备"是涵盖天地万物的,故此"仁"必是"大仁"。之下以"仁义礼智"比之于"元亨利贞",前者为"人心"之四德,后者为"天地心"之四德。"天地心"之四德中,"元"为主导,故曰"元无不统"、"无所不通";"人心"之四德中,"仁"为主导,故曰"仁无不包"、"无所不贯"。"包"、"贯"均以"通"为基础,且贯通天人物我。

之下释孔门"克己复礼为仁"之说,而有"此心之体无不在,而此心之用无不行"之言,明显是以"通"释"克己复礼为仁"。又释"居处恭,执事敬,与人忠"为"所以存此心也",释"事亲孝,事兄弟,及物恕"为"所以行此心也",释"求仁得仁"为"能不失乎此心也",释"杀身成仁"为"能不害乎此心也"。"此心"为何?"此心"即前所论"无不包"、"无所不贯"之"仁"。"仁"以"通"为轨则,故朱熹此处完全是以"通"释孔门之教。"仁"既以"通"为规则,则当然贯通天人物我,故朱熹有"在天地则盎然生物之心，在人则温然爱人利物之心，包四德而贯四端者也"之言。

朱熹又驳斥"判然离爱而言仁"之做法，认为"爱"虽不即是"仁"，但"仁"总跟"爱"有极密切之关系。它们虽"脉络之通各有攸属"，但决非"判然离绝而不相管"。程子以"爱之发"为"仁"，朱子则以"爱之理"为"仁"，均非"判然离爱而言仁"。"程氏之徒"中有以"万物与我为一"为"仁之体"者，有以"心有知觉"释"仁之名"者，均不以"爱"释"仁"，对此朱熹的解释是："彼谓物我为一者，可以见仁之无不爱矣，而非仁之所以为体之真也；彼谓心有知觉者，可以见仁之包乎智矣，而非仁之所以得名之实也。"(《朱文公文集》卷六十七，《仁说》)"物我为一"表达的就是"仁之爱"，"心有知觉"表达的就是"仁之包"。"仁"无所不"爱"，故能打通物我；"仁"无所不"包"，故能打通心物。"知觉"之功能不在能核定名实，而在能打通天人物我。

八、从王阳明之《大学问》看"大仁"

如果说朱熹《仁说》重在以"通"论"仁",则王阳明之《大学问》无疑是重在以"大"论"仁"。"仁"在这里被称为"一体之仁",此"一体之仁"可说就是中国最大之"大仁"。

它"大"到一个什么程度呢?用惠施的话表达,可叫做"至大无外"。于天地万物,它是"以天地万物为一体";于天下、国家,它是"视天下犹一家,中国犹一人";于孺子之入井,它是"必有怵惕恻隐之心",而"与孺子而为一体",此是"仁"及"同类者";于鸟兽之哀鸣觳觫,它是"必有不忍之心",而"与鸟兽而为一体",此是"仁"及"有知觉者";于草木之摧折,它是"必有悯恤之心",而"与草木而为一体",此是"仁"及"有生意者";于瓦石之毁坏,它是"必有顾惜之心",而"与瓦石而为一体"(《王文成公全书》卷二十六,《大学问》),此是"仁"及"无生意者"。此"大仁"而可与天地万物为一体,可不谓"大"乎!

墨子曾有"视人之身若视其身"、"视人之亲若视其亲"等言,可谓"大"矣;《礼记·礼运》亦曾有"人不独亲其亲,不独子其子"等言,亦可谓"大"矣;更有"老吾老以及人之老，幼吾幼以及人之幼"等言，更不能不谓"大"。但著者以为均不及阳明《大学问》来得"大"。《大学问》论"仁"，在以上所论之上更添加了一层，如在"人之身"之上添加了"天下人之身"一层、在"人之亲"之上添加了"天下人之亲"一层、在"人之老"之上添加了"天下人之老"一层、在"人之幼"之上添加了"天下人之幼"一层，于是其学说就比以上诸论整整"大"出一圈。

他论"一体之仁"之应用于人际关系的情形云："是故亲吾之父以及人之父，以及天下人之父，而后吾之仁实与吾之父、人之父，与天下人之父而为一体矣。……亲吾之兄以及人之兄，以及天下人之兄，而后吾之仁实与吾之兄、人之兄，与天下人之兄而为一体矣。"（《大学问》）依此类推，君臣关系、夫妇关系、朋友关系等，皆可于其上加上"天下"一层。此是人关系之情形；至于人物关系、物物关系，阳明以为皆可"照章办理"，"以至于山川鬼神鸟兽草木也，莫不实有以亲之，以达吾一体之仁"，"然后吾之明德始无不明，而真能以天地万物为一体矣"（《大学问》）。此"一体之仁"远远超出了"人伦"的范围，而贯通"物则"与"天理"，此"仁"是如何之"大"！

"大仁"必得"大人"才能担当吗？似乎是。但阳明以为不是，他以为"一体之仁"既存于"大人"之心，亦存于"小人"之心，在"能以天地万物为一体"、"与天地万物而为一"等方面，"岂惟大人，虽小人之心亦莫不然，彼顾自小之耳"（《大学问》）。"大人"有"一体之仁"，且能自"大"之，故能"大"；"小人"亦有"一体之仁"，却不能自"大"而只能自"小"之，故不能"大"。差别只在一彰一盖、一显一隐。"小人"何以不能彰显其"一体之仁"，何以不能"视天下犹一家，中国犹一人"，何以必得"间形骸而分尔我"？阳明的回答只四个字，曰"私欲之蔽"。有"私欲之蔽"，则"大人"变"小人"；无"私欲之蔽"，则"小人"变"大人"。人皆有"一体之仁"，此"仁"对"大人"而言是

"自然灵昭不昧"的；而对"小人"而言，却是昧而不昭，隐而不彰的。

可知"大人"即是昭彰之"小人"，而"小人"就是隐昧之"大人"。故阳明有言曰："是其一体之仁也，虽小人之心亦必有之，是乃根于天命之性，而自然灵昭不昧者也。"(《大学问》)"小人"在"未动于欲"、"未蔽于私"之时，"一体之仁"是不昧的；及至其"动于欲，蔽于私"，而利害相攻，忿怒相激，戕物圯类，甚至骨肉相残，则"一体之仁亡矣"。以此阳明先生得出结论："是故苟无私欲之蔽，则虽小人之心，而其一体之仁犹大人也；有私欲之蔽，则虽大人之心，而其分隔隘陋犹小人矣。故夫为大人之学者，亦惟去其私欲之蔽，以自明其明德，复其天地万物一体之本然而已耳。非能于本体之外而有所增益之也。"(《大学问》)

总之《大学问》论"仁"，是"至大无外"。此"至大无外"之"大仁"，当然在很多时候，只是"理想"。《大学》中有"至善"一词，正可以用来说明此"理想"。阳明先生曾把"至善"与"明明德"、"亲民"之关系，比喻为"规矩"与"方圆"、"尺度"与"长短"、"权衡"与"轻重"之关系。"方圆"以"规矩"为极则，可谓"止于规矩"；"长短"以"尺度"为极则，可谓"止于尺度"；"轻重"以"权衡"为极则，可谓"止于权衡"；"明明德"、"亲民"以"至善"为极则，可谓"止于至善"。同理，对天下万物国家、鸟兽草木瓦石等之"仁"，对父、兄、君、夫等之"仁"，亦以"一体之仁"为极则，可谓"止于一体之仁"。"至善"永不可及，但却可永远逼近；"一体之仁"亦然，虽永不可及，但亦可永远逼近。

总之"大人"虽不可及，却可永远逼近。人类生存之意义在此，人类摩顶放踵（《孟子·尽心上》）、日夜不休（《庄子·天下》）、栖栖皇皇（《庄子·天下》）、不敢问欲（《墨子·备梯》）之目标在此，简言之，人类之"宿命"在此。

九、从谭嗣同之《仁学》看"大仁"

谭嗣同著《仁学》,虽亦是以"通"论"仁",但他以为"通之象为平等"①,故以"通"论"仁",实即是以"平等"论"仁"。这是中国思想史上少有的见解。可知一个"仁"字,能说的角度多得很。

谭氏以"通"论"仁"曰:"仁以通为第一义。"(《谭嗣同全集》,291页)此是"仁学界说"之第一句话,亦是一句总括性的话。他以为以太、电、心力等等,均只是"通之具";又以为"通有四义",分别为"中外通"(多取义于《春秋》)、"上下通"(多取义于《易》)、"男女内外通"(多取义于《易》)、"人我通"(多取义于佛经);又有"仁者寂然不动,感而遂通天下之故"(《谭嗣同全集》,292页)之言;又有"当知电气通天地万物人我为一身也"(《谭嗣同全集》,295页)之言;又有"仁不仁之辨,于其通与塞"及"苟仁,自无不通"、"通天地万物人我为一身"(《谭嗣同全集》,296页)等言;又有"通商者,相仁之道也"(《谭嗣同全集》,327页)及"夫仁

---

① 《谭嗣同全集》,291页,北京,中华书局,1981。

者,通人我之谓也,通商仅通之一端"(《谭嗣同全集》,328页)等言;又有"莫仁于通,莫不仁于不通"(《谭嗣同全集》,328页)之言;又有"仁之为道者凡四",曰"上下通"、"中外通"、"男女内外通"、"人我通"(《谭嗣同全集》,364页)等言;诸如此类,不胜枚举。总之"通"是谭氏《仁学》的一个主要目标,而"通"的目的正在冲决网罗,详言之,"初当冲决利禄之网罗,次冲决俗学若考据、若词章之网罗,次冲决全球群学之网罗,次冲决君主之网罗,次冲决伦常之网罗,次冲决天之网罗,次冲决全球群教之网罗,终将冲决佛法之网罗"(《谭嗣同全集》,290页)。

"通"之象既为"平等",则论"通"即是论"平等"矣。关于"通"与"平等"之关系,谭氏有"通则必尊灵魂,平等则体魄可为灵魂"(《谭嗣同全集》,291页)等言。关于"平等"与"仁"之关系,谭氏有"不生与不灭平等(按:不生不灭仁之体),则生与灭平等,生灭与不生不灭亦平等"、"生近于新,灭近于逝,新与逝平等,故过去与未来平等"、"无对待(按:仁一而已,凡对待之词皆当破之),然后平等"、"无无,然后平等"(《谭嗣同全集》,292页)等言,又有"平等者,致一之谓也,一则通矣,通则仁矣"(《谭嗣同全集》,293页)等言。

以"平等"论"仁",则必谓君臣、父子等伦常为"不仁"。对此谭氏曰:"其在孔教,臣哉邻哉,与国人交,君臣朋友也;不独父其父,不独子其子,父子朋友也;夫妇者,嗣为兄弟,可合可离,故孔氏不讳出妻,夫妇朋友也;至兄弟之为友于,更无论矣。"(《谭嗣同全集》,350—351页)主张以平等之"朋友"关系,取代一切不平等之"尊卑"关系。故又曰:"无所谓国,若一国;无所谓家,若一家;无所谓身,若一身。夫惟朋友之伦独尊,然后彼四伦不废自废。"(《谭嗣同全集》,351页)

以"平等"论"仁",必当以"慈悲"为"仁",而以"不慈悲"

为"不仁",对此谭氏曰:"慈悲则我视人平等,而我以无畏;人视我平等,而人亦以无畏。无畏则无所用机矣。"(《谭嗣同全集》,357页)以"平等"论"仁",又当以"无差别"为"仁",而以"差别"为"不仁",故谭氏有"意识断,则我相除;我相除,则异同泯;异同泯,则平等出。至于平等,则洞澈彼此,一尘不隔,为通人我之极致矣"(《谭嗣同全集》,365页)之言,又有"战争息,猜忌绝,权谋弃,彼我亡,平等出"(《谭嗣同全集》,367页)等言,更有"天下至平者无天下,国至治者无国,家至齐者无家"(《谭嗣同全集》,368页)等言。以"平等"论"仁",甚至有可能陷入以"无"为"仁"、以"有"为"不仁"之极境,如谭氏就有如下之言:"……天下治也,则一切众生,普遍成佛。不惟无教主,乃至无教;不惟无君主,乃至无民主;不惟浑一地球,乃至无地球;不惟统天,乃至无天;夫然后至矣尽矣,蔑以加矣。"(《谭嗣同全集》,370页)此处由"教"由"君"而论至"地球",乃至"天",可知谭氏所论之"仁",决非"小仁"。

关于《仁学》一书以"平等"论"仁"之事实,梁启超先生所撰《仁学序》亦有肯定。梁先生之言曰:"烈士发为众生流血之大愿也久矣。虽然,或为救全世界之人而流血焉,或为救一种之人而流血焉,或为救一国之人而流血焉,乃至或为救一人而流血焉。其大小之界,至不同也。然自仁者视之,无不同也。何也?仁者,平等也,无差别相也,无拣择法也,故无大小之可言也。此烈士所以先众人而流血也。"(《谭嗣同全集》,374页)谭氏被视为"仁者",故有"平等"之主张,并为"平等"而"先众人而流血"。

第 五 章

"大人"之"大勇"

"勇"虽跻身"三达德"之列,而与"智"、"仁"并肩,但其在中国文化中,却是最少受到关注的。中国文化似乎不愿意论及"勇",似乎一论及"勇",就有"掉价"的意味。其实"勇"确是"大人"人格的一项重要内容,至少"大勇"就对"大人"人格有十分重要的意义。不言"大勇",无以言"大人"。

一、何为"大勇"

庄子曾言"大勇"，曰："夫大道不称，大辩不言，大仁不仁，大廉不嗛，大勇不忮。道昭而不道，言辩而不及，仁常而不周，廉清而不信，勇忮而不成。"（《庄子·齐物论》）"忮"有刚愎任性之义，以示"大勇"跟刚愎任性不相容。苏轼亦沿用之，而有"大勇若怯，大智如愚"（《贺欧阳少师致仕启》）之言，亦表示"大勇"看上去是"不勇"。中国言"大勇"的词不多，这是难得的两例。

中国言"勇"的词稍多。如《论语》"见义不为，无勇也"（《论语·为政》）之言；《宋史》"天资刚劲，见义勇为"（《宋史·欧阳修传》）之言，表达的都是"见义勇为"义。孟子有"此匹夫之勇，敌一人者也"（《孟子·梁惠王下》）之言，表达的是"匹夫之勇"义。《三国志》有"近董公之强，明将军目所见，内有王公以为内主，外有董旻、承、璜以为鲠毒，吕布受恩而反图之，斯须之间，头悬竿端，此有勇而无谋也"（《三国志·魏书·董二袁刘传》裴松之注引《献帝起居注》）之言。元剧《楚昭公》有"有勇而无智，皆不足为虑"（郑廷玉：《楚昭公》第一折）之言。《三国演义》有"陈登密谏操曰：吕布，豺狼也，勇而无谋，轻于去就，宜早图之"（罗贯中：《三国演义》，第十六回）之言，表达的都是"有勇无谋"义。

《西厢记》有"重赏之下，必有勇夫，赏罚若明，其计必成"（王实甫：《西厢记》，第二本第一折）之言，表达的是"重赏之下无懦夫"义。《五朝名臣言行录》有"僧熟视若水久之，不语，以火箸画灰作'做不得'三字，徐曰：急流中勇退人也"（《五朝名臣言行录》卷二）之言，苏轼有"火色上腾虽有数，急流勇退岂无人"（《赠善相程杰》诗）之言，表达的都是"急流勇退"义。由此义又衍生出"急流勇进"之说。《英烈传》有"兵在精而不在多，将在谋而不在勇"（《英烈传》第七十一回）之言，表达的是"重谋不重勇"之义。《汉书》有"匈奴侵寇甚，莽大募天下囚徒人奴，名曰猪突狶勇"（《汉书·食货志下》）之言，表达的是"小勇"或"下勇"之义。鲁迅有"我以为'打死老虎'者，装怯作勇，颇含滑稽，虽然不免有卑怯之嫌，却怯得令人可爱"（《坟·论"费厄泼赖"应该缓行》）之言，表达的是"假勇"义。

此外孔子还有"知者不惑，仁者不忧，勇者不惧"（《论语·子宰》）等言，言"勇者不惧"；朱熹还有"不顾旁人是非，不计自己得失，勇往直前，说出人不敢说底道理"（《道统一·周子书》）等言，言"勇往直前"；汉代李陵有"陵先将军功略盖天地，义勇冠三军"（《答苏武书》）之言，南朝梁丘迟有"将军勇冠三军，才为世出"（《与陈伯之书》）之言，均言"勇冠三军"；《汉书·瞿方进传》言"勇猛果敢"；《无量寿经》言"勇猛精进"；等等。总之言"勇"之次数与方面或层次，均不能谓之少。

但"大勇"的含义依然是不明确的。中国文化似乎就没有给"大勇"下一个定义。《孟子》书中倒有一个描述性说明，其言如下："昔者曾子谓子襄曰：子好勇乎？吾尝闻大勇于夫子矣：自反而不缩，虽褐宽博，吾不惴焉；自反而缩，虽千万人，吾往矣。孟施舍之守气，又不如曾子之守约也。"（《孟子·公孙丑上》）意思是正义不在我，就算对方卑贱，亦不恐吓之；正义在我，纵使对方千军万马，亦勇往直前。"守气"是"锋芒毕露"，"守约"是"暗藏杀机而以义理之曲直为断"，故曰孟施舍之"守气"不如曾子之"守约"。孟施舍之"勇"是"视不胜犹胜"，决不"量敌而后进，虑胜而后会"，亦即不计对方之力量而勇往直前；而曾子所说之"勇"却是视义理之有无而为是否勇往直前之前提。此处若说曾子所说之"勇"是"大勇"，则孟施舍之"勇"无疑就是"小勇"。

此是从孟子所引他人之言论推论出的"大勇"之含义，并非孟子所下之定义。可知即使是十分重视"大勇"的儒家，亦未有明确的定义给出。上述推论说明，在儒家系统中，"小勇"可说就是"无所不勇"，而"大勇"却是"有所勇"同时又"有所不勇"。

荀子是儒家的"异数"。他倒有一个"上勇"的说法，似可安到"大勇"的头上。他认为"下勇"的特征是"轻身而重货，恬祸而广解，苟免不恤是非，然不然之情，以期胜人为意"。"中勇"的特征是"礼恭而意俭，大齐信焉，而轻货财，贤者敢推而尚之，不肖者敢援而废之"。"上勇"的特征是（一）"天下有中，敢自其身；先王有道，敢行其意"，（二）"上有循于乱世之君，下不俗于乱世之民"，（三）"仁之所在无贫穷，仁之所亡无富贵"，（四）"天下知之，则欲与天下共乐之；天下不知之，则傀然独立天地之间而不畏"（《荀子·性恶》）。下、中、上三勇之中，"上勇"的条件最苛刻，一要有"道"，二要有"治"（即治功，与"乱世"相对），三要有"仁"，四要"知"。在符合这些条件的情况下去"勇"，才是真正的"勇"，亦才是"上勇"。此处所谓"上勇"的说法，似乎比《孟子》书中所说"大勇"，要求更高。

荀子喜欢用上、中、下的三分法，去看待所有的一切。如他"威有三"之说,就是分"威"为"道德之威"、"暴察之威"、"狂妄之威"三种。前者是"赏不用而民劝,罚不用而威行";中者是"非劫之以形势,非振之以诛杀,则无以有其下";后者是"下比周贲溃以离上矣,倾覆灭亡,可立而待也"(《荀子·强国》)。总之是"道德之威成乎安强,暴察之威成乎危弱,狂妄之威成乎灭亡也"(《荀子·强国》)。荀子又有"三忠"之说,分"忠"为"大忠"、"次忠"、"下忠"三个等级。前者是"以德复君而化之",如周公之于成王;中者为"以德调君而辅之",如管仲之于桓公;后者是"以是谏非而怒之",如子胥之于夫差。"下忠"之下还有"国贼"一层,特点是"不恤君之荣辱,不恤国之臧否,偷合苟容以持禄养交而已耳",如曹触龙之于商纣(《荀子·臣道》)。荀子又有"三知"之说,分"知"为"圣人之知"、"士君子之知"、"小人之知",外加一层"役夫之知"(《荀子·性恶》)。还有一个"三臣"之说,分"臣"为"圣臣"、"功臣"、"篡臣",外加一层"态臣"(《荀子·臣道》)。总之荀子头脑中有一个"三分法"(有时衍生成四分)的"格式",以之看待"勇",自然就有"上勇"之说。

若将儒家之"大勇"视为"有道之勇",则此种对于"勇"的看法,恐怕就不只局限于儒学一家,而是遍布于中华文化各部门。从"有道之勇"的意义上讲"大勇",恐怕是中国文化各家共通的见解。兹举例说明。西汉桓宽有《盐铁论·论勇》,记载御史大夫桑弘羊等与贤良、文学诸士关于"勇"的争论。桑弘羊等论曰:荆轲怀数年之谋而事不就,原因何在?原因只在三尺匕首不足恃。楚之所以强、郑之所以劲,就在于楚、郑"内据金城,外任利兵,是以威行诸夏,强服敌国"。商君之走魏如此,孙膑之破梁亦如此。贤良、文学诸士反驳说:楚非不"利",郑非不"坚",却为何不能长存?原因很简单,利、坚不足恃。秦并六国之师,据崤函而御宇内,防卫固若金汤,何其"利"也!然却被"无士民之资"、无"甲兵之用"的陈胜攻破。故

"金城"并非指"筑壤而高土,凿地而深池","利兵"并非指"吴越之铤,干将之剑",而是相反。应"以道德为城,以仁义为郭",如此则莫之敢攻,莫之敢入,如文王;应"以道德为轴,以仁义为剑",如此则莫之敢当,莫之敢御,如汤武。

贤良、文学诸士把"道德之城"称为"不可攻之城",把"仁义之剑"称为"不可当之兵";而把桑弘羊大夫所说的"内据金城,外任利兵",称之为"任匹夫之役而行三尺之刃"。对此桑弘羊大夫反驳说:荆轲虽未成功,但秦王恐而卫者惧;专诸手剑摩万乘,刺吴王;尸孽立正,镐冠千里;聂政自卫由韩,廷刺其主,功成求得,退自刑于朝,暴尸于市。这些都不能只算是"匹夫之勇"。若能得这样的"勇士",又能乘强汉之威,则必能彻底战胜"无义之匈奴"。贤良、文学诸士回答说:商汤得伊尹,以区区之亳而兼臣海内;文王得太公,廓酆鄗以为天下,齐桓公得管仲,以霸诸侯;秦穆公得由余,西戎八国服。只听说"得贤圣而蛮貊来享"的情况,未听说"劫杀人主以怀远"的情况出现。《诗经》中有"惠此中国,以绥四方"之言,说的就是这个道理。那时氐羌等"四方"诸族莫敢不来王,不是"畏其威",而是"威其德"。最后贤良、文学诸士得出结论:"义之服无义,疾于原马良弓;以之召远,疾于驰传重驿。"(《盐铁论·论勇》)

桑弘羊等与贤良、文学诸士之间的争论,不过是贯穿中国文化始终之"王霸之辨"的一个插曲而已。其以"论勇"为题,只表示贤良、文学诸士是主张"有德之勇",而桑弘羊等是主张"强力之勇"而已。"有德之勇"可称为"大勇","强力之勇"可称为"小勇"。它们之间的争论,似乎可约略相当于"大勇"与"小勇"之争。查中国文化史上的"王霸之辨",王道"以德服人",似"大勇";霸道"以力服人",似"小勇"。"王道"之提倡,以儒家最力。《尚书·洪范》有"无偏无党,王道荡荡;无党无偏,王道平平;无反无侧,王道正直"之言，是为"王道"之最早源头。至孟子，而以"王道"与"霸者"对称，谓"以力假仁者霸"、"以德行仁者王"，"以力服人者，非心服也，力不赡也；以德服人者，中心悦而诚服也"（《孟子·公孙丑上》）。"霸道"之提倡，似以法家最力。荀子曾主张王、霸并用，有"隆礼尊贤而王，重法爱民而霸"（《荀子·天论》）之主张。后世中国文化或主"王霸并用"，或主"尊王贱霸"，很少再见到单纯主张"王道"或单纯主张"霸道"者。宋儒以之解释历史，认为三代以来之历史发展，就是一霸道渐取王道而代之过程。如朱熹就分中国历史为"三代以上"与"三代以下"两截，认为三代行"王道"，故"天理流行"；三代以下行"霸道"，故"人欲横流"。三代圣王及孔、孟是行"王道"，故行仁义而顺天理；齐桓、晋文、汉祖、唐宗等是行"霸道"，故假仁义而济私欲。此种历史观明显是"尊王而贱霸"的，因而是一种退化主义的历史观；与之站在对立面的，是"王霸并用"论，如陈亮就主张"义利双行，王霸并用"（《陈亮集·又甲辰秋书》），认为中国历史从来就是如此的，不存在一个所谓的单纯"王道"或单纯"霸道"的时代。

王道"以德服人"，约略相当于"大勇"；霸道"以力服人"，约略相当于"小勇"。此处讲约略相当，就是著者以为它们距中国文化所追求的真正的"大勇"，还是有相当的距离。真正的"大勇"，应当是既不以"德"服人，也不以"力"服人，而是以"无"服人，就是什么也不用，就能服人。《孙子兵法》讲"不战而屈人之兵，善之善者也"，讲的就是这个道理：既不讲以"德"胜，也不讲以"力"胜，只讲以"不战"而胜，这就是最高境界，故曰"善之善者也"。以此著者以为"大勇无勇"一词，最能概括"大勇"之内涵。

太史公司马迁著《史记》，专设《游侠列传》，以表彰"游侠精神"。游侠自然是"勇士"，但其"勇"是"大勇"还是"小勇"，似未见方家论及。游侠之主要特征是"扶危济困,重义轻生"。以此标准去衡量,谓其为"大勇"亦未尝不可。司马迁又分"侠"为"布衣之侠"、"闾巷之侠"、"匹夫之侠"等几类,可知笼统地讲游侠之"勇"为"大勇",似又不可。考司马迁的"游侠精神"的赞语,可知游侠之"勇"有如下特征:(一)其言必信,其行必果,已诺必诚;(二)舍己救人,不爱其躯,不吝其财,赴士之厄困;(三)不矜其能,不矜其功,振人之命,廉虚退让(《史记·游侠列传》)。这些特征是否合乎"大勇"的标准,要看吾人对"大勇"如何界定。就"重义"而言,它似乎合乎《孟子》所载"大勇"的标准①,而距荀子所谓"上勇"还有一段距离。此外孟子又有"大人者,言不必信,行不必果,惟义所在"(《孟子·离娄下》)之言,"大人"配"大勇",可知在孟子的设定中,"大勇"是可以不必"言必信",不必"行必果"的,换言之,"大勇"可以"言不必信,行不必果"。从此角度说,游侠之"勇"又不合乎孟子理论设定中的"大勇"之标准。

明末大儒黄宗羲"豪杰"之论,似也与"大勇"有关。他以为"豪杰精神"的主要特征是独立、叛逆与反抗。依此对人对事则必"务得于己,不求合于人,……不以庸妄者之是非为是非";不盲从,而是"深求其故,取证于心"(《南雷文集·恽仲升文集序》);不迷信,以理性衡量"六经之传注,历代之治乱,人物之臧否";不从众,自己立身处世,原则"自胸中流出",出自"真性情";不守旧,敢于创新,以"变微之声"、"风雷之文"为鹄的,"不以博温柔敦厚之名而蕲世人之所好"(《南雷文约·金介山诗序》)。黄宗羲以为"学莫先于立志,立志则为豪杰,不立志则为凡民"(《孟子师说》卷七),强调以独立、叛逆、反抗之"豪杰精神"作为判分"大人"与"小人"的标准;以此用之

---

① 《论语·阳货》亦有"君子有勇而无义为乱,小人有勇而无义为盗"之言。

于"勇",当然亦就是判分"大勇"与"小勇"之标准。

黄先生强调此种"豪杰精神"不能只含于内,而不表达于外,亦就是"不能无所寓"。设若"无所寓"或"不得其所寓",则必如"龙挛虎跋,壮士囚缚",其结果必是"拥勇郁遏,垒愤激汗,溢而四出,天地为之动色"(《南雷文定·蕲熊封诗序》)。"无所寓"或"不得其所寓",是"拥勇郁遏","勇"虽"大",却不能谓之"大";"有所寓"或"得其所寓",是龙虎正骨,壮士解缚,其"勇"有多"大",就能使之多"大",充之多"大"。简言之,从黄先生的说法中似可推论出如下结论:"豪杰之精神"若能充分表达出来,就是"大勇"。此推定若不诬,则黄宗羲实又给了"大勇"一个新解释。

何谓"大勇",众说纷纭,不得定论。若问到著者的意见,则著者有答案曰:依著者对整个中国文化之理解,"大勇"似应跟"立命"紧相联。人生此世,各有其天赋之使命,谓之"天命";人一生之奋斗挣扎,正在努力完成此使命,此之谓"立命";为完成此使命而勇往直前,而勇猛精进,而勇猛果断,简言之,为完成此使命而"勇",就是"大勇";为德为义、为富为贵等而"勇",若不以"立命"为基准,均不得视之为"大勇"。著者以为,惟有这样的"大勇",方得与中华文化全系统相配套,换言之,惟有这样的"大勇",方得为中国文化中真正之"大勇"。此"大勇"可说是"高不可攀",但几千年中所产之无数"大人",却已做无穷逼近此"大勇"之撼天动地之努力。如此则虽不能及,然已庶几及之。

二、"大勇"与"尚武"人格

张元济先生编《中华民族的人格》一书,所列诸人似都是有"尚武"精神的人。公孙杵臼死于"忠";程婴死于"信";伍尚为"复仇"而死;子路死于"见义勇为";豫让死于"报仇";聂政为"知己者死";聂荣为表彰其弟之"英名"而死,田光死于"守信";樊於期死于"仗义";荆轲死于"尽职";高渐离死于"复仇";田横死于"耻",他手下的五百人死于"义";贯高死于"责任"。这些人动机不同,目标各异,结局亦大不相同,但却有一个共同点,就是意志坚定,视死如归。

他们共同之"慨然赴死"之精神,张先生以为"都能够表现一种至高无上的人格",说明"我中华民族本来的人格,是很高尚的"①。这些"慨然赴死"的人,或为尽职,或为知耻,或为报恩,或为复仇,均被张先生视为"杀身成仁";这些人,张先生以为就是孟子所说富贵不淫,贫贱不移,威武不屈的"大丈夫",孔子所

---

① 张元济:《中华民族的人格》之"编书的本意",商务印书馆,1937.

说无求生害仁,有杀生成仁的"志士仁人"。有了这样的精神、这样的人格、这样的豪杰,中华民族"不怕没有复兴的一日"(张元济:《中华民族的人格》)。

张元济先生所肯定的"中华民族的人格",明显是偏于"尚武"。但中华民族几千年著称于世的,不是"武"而是"文",不是"霸道"而是"王道",不是"力"而是"德",此又与张先生所说相冲突。此冲突如何解套,颇费思量。但读梁启超先生所著《中国之武士道》(1904)一书,却又觉此冲突本不存在。梁先生述"中华民族的人格",以为是"尚武"在前,而"崇文"在后,时代不同,所以不相冲突。梁先生以为"中国民族之武,其最初之天性也;中国民族之不武,则第二之天性也"①,并以此驳斥西人、日人"中国之历史,不武之历史也;中国之民族,不武之民族也"之谬论。

梁先生以为"我民族武德之斩丧"、"尚武"精神之衰微,是始于秦始皇,他以一人为刚,万夫为柔,锄群强而独垄之。继其后者为汉高祖,功臣武士,皆戢戢慑伏,汗下不敢仰。自后是景、武之间,天下血气之士心志佚于淫冶,体魄脆于奢靡,游侠尽锄,豪杰尽诛,我中华之"尚武"精神至是"澌灭以尽矣"(《中国之武士道·自叙》)。梁先生以为中国之"武士道"与"霸国政治"相始终,即"尚武"与"霸道"相始终。春秋时代"霸道"初起,"武士道"始形成一种风气;战国时代"霸道"极盛,"武士道"亦极盛;楚汉之间犹争"霸",故"武士道"亦盛;汉初虽天下一统,但犹有封建,"霸道"之余霞尚在,故"武士道"虽存然已成强弩之末;逮至孝、景定吴楚七国之乱,封建绝迹,此后以武侠闻于世者便不复存在。此后"强武之民,反归于劣败淘汰之数,而惟余弱种以传子孙"(《中国之武士道·自叙》)。

---

① 《中国之武士道·自叙》,《饮冰室专集》之二十四,北京,中华书局,1932。

梁先生"三千年前"我中华民族乃是"最武之民族",只是后来才变成"不武"。"不武"只是"第二天性",如何能遽然断定我历史就是"不武之历史",我民族就是"不武之民族"?

梁先生所列中华民族之"尚武"精神或"武士道",约有如下数端:

(一)常以国家名誉为重,有损于国家名誉者刻不能忍。如先縠、栾书、郤至、雍门子狄等;

(二)国际交涉有损国家权利者,不畏强御,以死生争之。如曹沫、蔺相如、毛遂等;

(三)杀身而能有益于国家者,必趋死无吝无畏。如郑叔詹、安陵缩高、侯嬴、樊於期等;

(四)己身名誉或为他人侵损轻蔑,刻不能忍,然还是以大局为重,务死于国事以恢复武士之誉,不肯为短见之自裁,不肯为怀忿之报复。如狼瞫、卞庄子、华周、杞梁等;

(五)有损国家大计或名誉者,虽出自平素忠实服从之尊长,亦决不姑息;待事定后以身殉之,以罚自己犯上之罪。如鬻拳、先轸、魏绛等;

(六)有罪不逃刑。如庆郑、奋扬等;

(七)忠于职守,常牺牲其身乃至牺牲一切所爱以殉职。如齐太史兄弟、李离、申鸣、孟胜等;

(八)以死报恩。如北郭骚、豫让、聂政、荆轲等;

(九)牺牲身命及一切利益以救朋友之急难。如信陵君、虞卿等;

(十)他人之急难虽与我无涉,但与大义、大局有涉者,锐身自任之,且事成不居其功。如墨子、鲁仲连等;

(十一)若死可以助他人事之成,其趋死必无吝无畏。如田光、江上渔父、溧阳女子等;

（十二）死不连累他人。如聂政之于其姊、贯高之于其王；

（十三）以死成人之名。如聂荣之于其弟等；

（十四）战败后宁死不为俘。如项羽、田横等；

（十五）若所尊亲者死，誓与俱死。如孟胜之门人、田横之客等；

（十六）两难之时必择尤合于义者为之，然事成后必以身殉，以明不得已之意。如钼麑、奋扬、子兰子等；

（十七）志在以死成事，不管其后成与不成，均必以身殉之，以无负初志。如程婴、成公赵等；

（十八）务使一举一动可以为万世法则，毋使后人误学以滋流弊。如子囊、成公赵等。

以上诸项，综合起来，大致有"国家重于生命"、"朋友重于生命"、"职守重于生命"、"然诺重于生命"、"恩仇重于生命"、"名誉重于生命"、"道义重于生命"（《中国之武士道·自叙》）等若干条。这些条被梁先生称为"美德"，称为"我先民脑识中最高尚纯粹之理想，而当时社会上普通之习性"（《中国之武士道·自叙》）。这些品德足可"横绝四海，结风雷以为魂，壁立万仞，郁河岳而生色"（《中国之武士道·自叙》）。

以上"中国之武士道"，当然是"尚勇"的，但其"勇"是否即为"大勇"，尚有待观察。即使不为"大勇"或不全为"大勇"，亦可揭示于前，以为后人之教训。其虽不为"大勇"，亦可足为"志士仁人"逼近"大勇"之资。此为著者敢断言也。

三、何样之"死"可视为"大死"

中国文化述"大勇",几乎均以"死"为基调,似乎不"死"便不足以言"大勇"。兹专论"死",看看中国文化究竟视何种"死"为"大"。

最能表现中国之"大死"观念的,有两个词,一个是"视死如归",一个是"死得其所"。"视死如归"一词,见之于《韩非子·外储说左下》:齐桓公问管仲置吏之事,管仲向桓公推荐五人,其中一个就是公子成父,说"请以为大田,三军既成陈,使士视死如归,臣不如公子成父"。"归"就是回家,视"生"为漂泊流浪,视"死"为回家,正是典型的中国特色。这样的"死"才真是"大死"。

"死得其所"一词,见之于《魏书·张普惠传》:"人生有死,死得其所,夫复何恨?""所"是地方,死到一个当死的地方,亦正表现中国之特色。中国文化有一个职能主义的宇宙观,假定天地万物各有其职司,各各完成其职司,就是尽了其应尽的责任与使命。对人而言,这个过程就是"立命"。能尽对于宇宙之责,虽死无恨,这就叫"死得其所";这样的人对于死,就能做到慷慨赴死,从容就义,"视死如归"。

能尽对于宇宙之责,当然就能尽对于人类之责;能尽对于人类之责,当然就能尽对于国家、家庭之责。但是天命靡常、世道无定,人常常尽了家庭之责就不能尽国家、人类之责,尽了国家、人类之责就不能尽宇宙之责,这样的人死不瞑目,死有余恨,这样的人才真是"战战兢兢,如临深渊,如履薄冰"(《论语·泰伯》引《诗经》语)。这样的死,就不能视之为"大死"。人是宇宙的一员,同时又是一整个的宇宙,人"死"而能牵动宇宙,则当然为"大"。

庄子论"死",几全为"大死"。庄子讲"大块载我以形,劳我以生,佚我以老,息我以死"(《庄子·大宗师》),是视死如"息",死就是劳累之后的"休息"。故庄子接下来又有"善吾生者,乃所以善吾死也"(《庄子·大宗师》)之言。生、死于人不同,但于宇宙却是一样的,这叫做生死一如,庄子叫做"以死生为一条"(《庄子·德充符》),或曰"孰知生死存亡之一体"(《庄子·大宗师》)。庄子又有赘疣与决溃之比喻,以生为"附赘悬疣",以死为"决疣溃痈"(《庄子·大宗师》);有脊梁与尾骨之比喻,以生为"脊",以死为"尻"(《庄子·大宗师》);有气聚与气散之比喻,以生为"气之聚",以死为"气之散"(《庄子·知北游》);有昼与夜之比喻,以生为"昼",以死为"夜"(《庄子·至乐》)。生死就如四时之运行、日月之交替,完全是一自然过程。

庄子更视"死"为"偃然寝于巨室",说"今又变而之死,是相与为春秋冬夏四时行也,人且偃然寝于巨室,而我噭噭然随而哭之,自以为不通乎命,故止也"(《庄子·至乐》)。此处是论"庄子妻死",当然亦是论"大死"。庄子本人亦有死,当他将死的时候,弟子欲厚葬他,他不同意,他说:"吾以天地为棺椁,以日月为连璧,星辰为珠玑,万物为赍送,吾葬具岂不备邪?何以加此!"(《庄子·列御寇》)这是最典型的"大死"概念：死是回到宇宙的怀抱，人为的一切都是多余！

子贡曾有一句"大哉死乎"的呐喊，是儒家有关"大死"的最强音。子贡倦于学，向孔子提出"愿息事君"之要求，孔子答曰事君难，事君无有"息"时；子贡又提出"愿息事亲"之要求，孔子答曰事亲难，事亲无有"息"时；子贡又提出"愿息于妻子"之要求，孔子答曰事妻子难，事妻子无有"息"时；子贡又提出"愿息于朋友"之要求，孔子答曰事朋友难，事朋友无有"息"时；子贡又提出"愿息耕"之要求，孔子答曰耕难，耕无有"息"时。五问五答"难"之后，子贡邃然反问："然则赐无息者乎？"我一生奋斗挣扎，就没有歇息的一刻吗？孔子断然给予否定之回答，并引弟子登高远眺，告弟子说："你看远处那坟墓，高高如堤岸，耸立似山巅，沉稳象大鼎，看到那远处的坟堆，你自然知安息的所在。"子贡于是大悟："大哉死乎！君子息焉，小人休焉。"（《荀子·大略》）以死为终结（"休"），那不是"大死"；以死为歇息（"息"），那才是"大死"。

宋明儒论"死"，亦多具"大死"之义。张载有名言，曰："存，吾顺事；没，吾宁也。"（《正蒙·乾称》）我肩负"天命"，即天赋予之使命与职责，活在此世，乃是当然之事，我实成了"天命"，尽了对于宇宙之使命与职责，停下歇息，亦乃是当然之事。"死"就是"宁"，"宁"就是歇息，这就是张载对于"大死"的理解。朱熹亦然，朱熹论"死"说："人受天所赋许多道理，自然完具无欠阙，须尽得这道理无欠阙，到那死时，乃是生理已尽，安于死而无愧。"（《朱子语类》卷三十九）尽理就是尽责，尽理"有欠阙"而死，是死而不安，死而有愧，故是"小死"；尽理"无欠阙"而死，是死而安，死而无愧，故是"大死"。人受于天之理，就是人受于天之责；受于天之理当还于天，受于天之责当尽于天。然后死而无憾。这就是朱子对于"大死"的理解。

王阳明亦有"人于生死念头，本从生身命根上带来，故不易去"（《传习录》上）等语，也是叫人务必把"死"放到森罗宇宙、天地万物的大背景上去观察，这样的观察才真能"见得破，透得过"，才真能"流行无碍"，才真能"尽性至命"（《传习录》上）。拘于一己、一家、一国、一族，是见不破生死，透不过生死的；如此则生不知为何而生，死不知为而死，有此生不多，无此生不少；这样的生是"小生"，这样的死是"小死"。"小生"是无意义之生，混吃等死而已；"小死"是无价值之死，轻于鸿毛而已。这恐怕就是阳明子对于"大死"的理解。明儒罗伦（一峰，1431-1478）有"生而必死，圣贤无异于众人也；死而不亡，与天地并久，日月并明，其惟圣贤乎"（《一峰集》）等言，亦是以"小死"与"大死"对举，前者是"众人"之死，死而亡；后者是"圣贤"之死，死而不亡。为何能死而不亡？就因为"圣贤"在当死的时候，心中已有宇宙的大背景，知道自己之立德、立功、立言，可以与天地"并久"，可以与日月"并明"。如此则"死"而不"大"，已无可能矣！

人而不知自己有受于天之理、受于天之责，当然不知还天之理、尽天之责。于是其生为无意义之"小生"，其死为无价值之"小死"。如此之人，同于"禽兽"。明清之际大儒王船山，就是从这个角度论死的。他说："盖其生也，异于禽兽之生；则其死也，异于禽兽之死。"（《张子正蒙注》卷一）"其生"就是指"人之生"，"其死"就是指"人之死"。人之生如何异于"禽兽之生"，人生死如何异于"禽兽之死"？船山先生断然答曰："全健顺太和之理以还造化，存顺而没亦宁。"（《张子正蒙注》卷一）以全幅之生命、健康之心智，接受"天命"，然后又以全幅之生命、健康之心智，还天之理、尽天之责（即"还造化"是也），如此则生为顺事，如此则死为歇息。这是船山顺张子之"大死"论，而论"大死"。船山又有"草木任生，而不恤其死；禽兽患死，而不知哀死；人知哀死，而不必患死"（《周易外传》卷二）等言，亦是从人与禽兽之别的角度论"死"。他以为"哀"与"患"是有区别的，"哀"是怜悯，而"患"是担忧。"人所以绍天地之理，而依依不舍于其常"（《周易外传》卷二），人知道大化日新，生必有死，"推故而别致其新"（《周易外传》卷二）乃是天地人生之常理，所以人并不"患死"；但人又有大慈大悲之"大心"，故人对于死，总免不了怜悯之情，惜其生之暂而悯生之忽断。故人总免不了"哀死"。死而以"推故致新"之宇宙常理为背景，就成为"大死"，否则，就与禽兽无异。故船山有"哀与患，人禽之大别也"（《周易外传》卷二）之言。"哀死"是站在"推故致新"之宇宙常理的大背景上，看待死亡，目的在"延天地之生"，故为"大"，为人之所有；"患死"是不站在"推故致新"之宇宙常理的大背景上，看待死亡，目的在"废天地之化"（《周易外传》卷二），故为"小"，与禽兽无异。可知船山尚具中华文明的"大情怀"，尚有"大视野"，尚可为"大人"。船山而后，中华文明中之"大人"，便渐渐地衰亡了。

子贡曾有"大哉死乎"之呐喊，这呐喊是见载于《荀子》。《荀子》是儒家的"异数"，荀子有"大死"之说，不代表整个儒家有"大死"之说。儒家最积极的人生态度，是"死而后已"。"已"什么？这"已"的内容就可以决定死之性质。儒家根本的理想是平治天下、德化万民，儒家以为这样的人就是"大人"。人而能在平治天下、德化万民方面自强不息，死而后已，人就是"死得其所"。在生一天，则勤勤恳恳，尽其力而为；将死之时才能无有遗恨，死得心安。孔子"发愤忘食，乐以忘忧"（《论语·述而》）之说法，就只能从上述意义上去理解。这样的以平治天下、德化万民为背景的死，在伦理学上叫做"死静息"，即视死亡为歇息，不恐惧于死，不厌恶于死，不哀伤于死。这样的死算不算"大死"呢？

回答此问题之前，吾人请先考察儒家有关死的另两个说法，一曰"伏节死义"，二是"事死如事生"。"伏节死义"之说见载于《论语》，如"可以托六尺之孤，可以寄百里之命，临大节而不夺也"（《论语·泰伯》）之言；又见载于《吕氏春秋》，如"令此处人主之旁，亦必死义矣"（《吕氏春秋·离俗览·离俗》）之言；又见载于《史记》，如"好直谏，守节死，难惑以非"（《史记·汲黯传》）之言；又见载于《汉书》，如"今以四海之大，曾无伏节死谊之臣，率尽苟合取容，阿党相为"（《汉书·诸葛丰传》）之言；亦见载于《宋史》，如"伏节死义之臣难得"及"若平时不能犯颜敢谏，他日何望其伏节死义"（《宋史·张栻传》）等言。"伏节"就是死于节，"死义"就是死于义，二者似都限于"人事"或"人伦"。

至于"事死如事生"之说，则是见载于《论语》，如其"生，事之以礼；死，葬之以礼，祭之以礼"（《论语·为政》）及"慎终追远，民德归厚矣"（《论语·为政》）等言；又见载于《礼记》，如其"践其位，行其礼，奏其乐，敬其所尊，爱其所亲，事死如事生，事亡如事存，孝之至也"（《礼记·中庸》）等言。表达的是对于死亡的一种态度：以对待活人之方式对待死者，以对待在场者之方式对待不在场者。以死亡为"不在场"，诚是一种高论，高虽高矣，然未超出"人伦"而及于"物则"、"天理"。故儒家"伏节死义"之说及"事死如事生"之说，其所谓死，似不太合乎吾人所谓"大死"之要求。

"大死"亦讲人事，但不局限于人事，而是要超出人事而及于天地万物；"大死"亦讲"人伦"，但不局限于"人伦"，而是要超出"人伦"而及于"物则"与"天理"。同样是讲"节"，同样是讲"义"，视野不同，背景不同，就会得出完全不同的结论。明法之际思想家陈确也讲"死节"，但其"节"就已超出"人伦"而及于"物则"、"天理"。若局限于"人伦"，则"死节"就是"死事"、"死义"、"死名"、

"死愤"等等，陈确以为如此之死乃是"不得不死"之死，乃是"不必死而死"之死。这样的死是不值得表扬的。因为它使世上好节之士"赴水投环，仰药引剑，趋死如鹜"，导致"子殉父，妻殉夫，士殉友，罔顾是非，惟一死之为快"之局面。这样的生是"罔生"，这样的死是"罔死"，如"未嫁之女望门投节，无交之士闻声相死"，不仅"亏礼伤化"，而且是戕害生理、违背自然的。这样的"死节"乃是"假死节"，乃是死于"小节"。

真正的"死节"是"真死节"，是死于"大节"。"大节"是什么，"大节"就是顺自然而生，顺自然而死；"大节"就是天地万物运行之节律；"大节"就是"物则"与"天理"。死于这样的"节"，就是"与天地同其节"（《陈确集·死节论》），就是"真死节"。故"真死节者"，其生其死，如阴阳之相代，如寒暑之相替，如昼夜轮回，如日月循环。其生为"大生"，其死为"大死"，生生死死不过在彰显天地之明与暗、宇宙之动与静。这样的"真死节"，岂是"人伦"所能概括?!

近代朱执信论"死"之视野，就远不及陈确来得广大。朱先生也讲"心安理得之死"，但他对"心安理得之死"的解释，是"为主义而死"或"以一死而贯彻其主义"。他说："为主义而死者，无所恋，无所措，视死如生，所谓心安理得者也。"（《朱执信集·民意战胜金钱武力》）若将其"主义"训为"物则"、"天理"，其所谓死当然可视为"大死"；但其"主义"以训为"人伦"为宜，很难训为"物则"、"天理"，故视其所谓死为"大死"亦难。同样讲"死节"、"死义"，可以是"死小节"、"死小义"，亦可以是"死大节"、"死大义"，全视其视野之狭与广、背景之浅与深。"大节"之"大"，不打通"人伦"、"物则"与"天理"不为"大"；"大义"之"大"，不超出"人伦"而及于"物则"、"天理"不为"大"。陈确所论之死，"大死"矣；朱执信所论之死，"小死"矣。

四、"大勇"之表征

能够表征"大勇"之人格的人与事，中国历史上有很多。若一一列举，将不知凡几。孔子身处大敌之冲，事起仓卒之顷，而能底定于指顾之间，非"大勇"孰能至此？①卫懿公之臣弘演"杀身出生以殉其君"，又"令卫之宗庙复立，祭祀不绝"(《吕氏春秋·仲冬纪·忠廉》)，非"大忠"、"大勇"，孰能致此？齐景公手下之公孙接、田开疆、古冶子三士，重名誉而能下人，竞功名而不惜死，亦非"大勇"乎？(《晏子春秋·内篇谏下》)齐臣刑蒯瞶及其仆"入死而报君"、"食其禄者死其事"，勇虽不"大"，然亦有"节"！(《说苑·立节》)伍子胥之友申包胥，在伍子胥报仇灭楚时，挺身救楚，七日七夜不饮食，不绝哭，以拯国难，为自古及今、天下万国所无，其爱国之义远贤于伍子胥，其人格又出鲁仲连之上，不亦"大"乎？②吴王之臣要离以"不仁不义，又且已辱，不可以生"为信条，伏

---

① 《左传·定公十年》；《史记·孔子世家》。
② 《左传·定公四年》；《淮南子》；《新序·士节》。

剑而死，亦不能谓平淡无奇（《吕氏春秋·仲冬纪·忠廉》）。中牟之城北余子田基以"廉士不耻人"为信条，可圈可点（《说苑·立节》）。赵武灵王犁鲜虞之庭而扫鲜虞之穴，为汉族立不世之功，不可一时，其气象之大，黄帝之后，当数第一！① 还有大侠张良（《史记·留侯世家》）、汉之将军樊哙②、游侠鲁人朱家③、游侠洛阳人剧孟（《史记·游侠列传》）、游侠轵县人郭解（《史记·游侠列传》）等，皆或多或少具备"大勇"之气象。

（一）国家重于生命

在"国家重于生命"方面，有以国家名誉为重者，如先縠、栾书、郤至、雍门子狄等；有以国家对外名誉为重者，如曹沫、蔺相如、毛遂等；有为国而死者，如郑叔詹、缩高、侯嬴、樊於期等；有为国而冒死冲犯尊长者，如鬻拳、先轸、魏绛等。

先縠之事迹，见载于《左传·宣公十二年》，先縠之言行皆以国家名誉为重，可代表当时"尚武"精神之一斑。栾书、郤至之事迹，见载于《左传·成公十六年》，栾书、郤至之言皆以国家名誉为出发点、立足点，亦可代表当时"尚武"精神之一斑。雍门子狄之事迹见载于《说苑》之"立节"篇，最后齐王以上卿之礼，厚葬雍门子狄。曹沫之事迹，见载于《史记·刺客列传》及《吕氏春秋·为欲》。曹沫以一怒而安国家，定社稷，实为旷古奇功，是可代表当时"尚武"精神之一斑。

蔺相如之事迹，见载于《史记·廉颇蔺相如列传》。廉颇是赵之

---

① 《战国策·赵策》；《史记·赵世家》。
② 《史记·项羽本纪》；《史记·留侯世家》；《史记·樊郦滕灌传》；《汉书·匈奴传》。
③ 《史记·游侠列传》；《史记·季布栾布列传》。

良将,以"勇气"闻名于诸侯。蔺相如则是赵宦者令缪贤舍人。太史公司马迁评论说:"知死必勇,非死者难也,处死者难。方蔺相如引璧睨柱,及叱秦王左右,势不过诛,然士或怯懦而不敢发。相如一奋其气,威信敌国,退而让颇,名重太山,其处智勇,可谓兼之矣。"(《史记·廉颇蔺相如列传》)两相比较,廉颇虽以"勇气"闻名于诸侯,但其"勇"只是"小勇";蔺相如虽无"攻城野战之大功",但却"智勇"兼之,威震强秦,其"勇"无疑是"大勇"。蔺相如最让人心动的,梁启超先生以为是那句"先国家之急而后私仇"的话,此话所以使相如为"豪杰",亦所以使相如为"圣贤"(《中国之武士道·蔺相如》)。著者关注的重点,却是史迁的那句"其处智勇,可谓兼之矣"之评语,因为这真是"大勇"之最好证明。

毛遂之事迹,见载于《史记·平原君虞卿列传》。梁启超先生曾比毛遂为"小蔺相如",谓"其智勇略似之,其德量不逮,要亦人杰也已"(《中国之武士道·毛遂》)。著者以为毛遂之"勇"虽不及蔺相如"大",但已略似于"大勇"矣。郑叔詹之事迹,见载于《国语·晋语》及《史记·郑世家》。前后记载有出入,但在"死以救国"一点上,却完全相同,可知郑叔詹也有"大勇"之表现。缩高之事迹,见载于《战国策·魏策》。梁启超先生评论说:缩高不陷其子于非义,是"爱子";不因爱子之故而陷其国于难,是"爱国"(《中国之武士道·缩高》)。著者以为当爱子与爱国不能两全时,死己以免国难,"之使者之舍,刎颈而死",其"勇"之"大",当不在郑叔詹之下。

侯嬴之事迹,见载于《史记·魏公子列传》。梁启超先生曾以法国贞德比评侯生之行为是"以一人之生死,拯万乘之国于濒亡之际者"(《中国之武士道·侯嬴》)。著者以为侯生以一人之"北乡自刭"而退秦军,救邯郸,存赵国,其"勇"亦可谓"大"矣。相比而言,魏公子去千乘之位而入虎穴,以急朋友之难,"勇"虽"勇"矣,但

"固完全一武士之人格"《中国之武士道·侯嬴》），其"勇"亦"小"矣。樊於期之事迹，见载于《战国策》及《史记·刺客列传》。张元济先生评樊将军之死是"仗义"《中华民族的人格》,59页），而梁启超先生则许之以"贤"《中国之武士道·侯嬴》）。著者曰：《史记》曰"自刭"，《战国策》曰"自刎"，用字稍异。著者以为樊将军之"自刭"或"自刎"，亦是"大勇"一种表现。

鬻拳之事迹，见载于《左传·庄公十九年》。梁启超先生以为在鬻拳心里，是国重于君。因国重于君，所以君败归而不纳，以君而辱国故。鬻拳可谓知爱国之大义，故强迫其君回军而战，恢复国威。梁先生说："鬻子其爱君以德者欤！君为社稷而死之，又何凛凛也！武士之精神具矣。"（《中国之武士道·鬻拳》）著者以为楚子为社稷而死，其"勇"固"大"；然不及鬻拳"自杀"之"勇"来得"大"。

先轸之事迹，见载于《左传·僖公三十三年》。梁启超先生评先轸既有"爱国之热诚"，又有"自爱之热诚"。著者曰：君主太后有过，毫不客气；事过自觉失礼，惩罚自己亦毫不客气。终于寻国家战事之机，率先陷敌阵，既以一死扬国威，又以一死偿自己之失礼。"如此者，谓之大勇"（《中国之武士道·先轸》）。魏绛之事迹，见载于《左传·襄公三年》。魏绛行为特点全在"事君不辟难，有罪不逃刑"一语，其敢作敢当，亦是称"大勇"。

（二）名誉重于生命

在"名誉重于生命"方面，有宁牺牲身命而不愿损害名誉者，如狼瞫、卞庄子、杞梁、华舟等；有誓死不当俘虏者，如项羽、田横等；有牺牲一己之名誉捍卫国家或以死殉志者，如子囊、成公赵等。

狼瞫之事迹，见载于《左传·文公二年》。梁启超先生评论说：

"大抵当时所谓武士道者,苟有一毫损害其名誉者,则刻不可忍,宁牺牲身命以回复名誉。彼视名誉重于生命也。虽然,又不肯妄杀人,不肯妄自杀。以杀人为乱暴之举动,自杀为志行薄弱之征也。故必俟国家有战事,乃率先陷敌阵,一死以扬国威,如此者,谓之大勇。呜呼!是可为百世师矣。"(《中国之武士道·狼瞫》)著者曰:受上司之辱而失名誉,惟有一死。死有三途:杀上司,是为犯上,不肯为;自杀,是为自示其弱,亦不肯为;杀敌而死,死得其所,故为之。梁先生评之为"大勇",宜之。

卞庄子之事迹,见载于《新序·义勇》。卞庄子因顾念老母而落得"不勇"、"不武"之骂名,如何能忍受,只好以死正名。其行为重在"节士不以辱生"一句话。

华舟、杞梁之事迹,见载于《说苑·立节》。被人视为"无勇",名誉受到莫大损害,刻不能忍,于是以一死挽回影响。这是何等重名轻命之行为?难怪梁启超先生评之为"皆以身殉名誉者也"(《中国之武士道·华舟杞梁及其母》)。孟子云:"可以死,可以无死,死伤勇。"或问他们之战功已足以挽回其名誉,君帅已转而重视之,邻国已转而尊敬之,其死是否已无必要?梁先生答曰:"当时之武士,以为名誉一玷,则其耻终身不可洗涤,犹妇人见污于强暴,非死无以自明也。是其特别之理想也。"(《中国之武士道·华舟杞梁及其母》)可以死,亦可以不死;但不死是"小勇",死方为"大勇"。

项羽之事迹,见载于《史记·项羽本纪》。太史公司马迁极崇项王,曾着墨万余言以记之。梁启超则评项羽为"不出世之英物",谓其"义侠"与"仁勇"兼备:以新造乌合之军,抗积威之秦,以救濒亡之赵,是其"义侠";不忍于人民苦战,而欲与汉王决斗,是其"仁勇"。"垓下末路,不肯渡江,而云无面目以见父老,此乃真武士之面目也"(《中国之武士道·项羽》)。著者曰:梁先生许项羽为"真武士",

其"勇"自当为"大勇"。设若其渡江东去,以图东山再起,其"勇"又如何?"大勇"耶?"小勇"耶?唐诗有云:"胜负兵家事不期,包羞忍耻是男儿。江东子弟多才俊,卷土重来未可知。"此是以成败论英雄,不符合中国文化之最高境界,故梁先生谓其不懂"血性男子之心事"。项羽即使真的能卷土重来,东山再起,其"勇"之"大"亦不会"大"于自刎乌江。对项羽,岂有"包羞忍耻"之理?他可以不死,但他选择死,这才是项羽,否则就是张三、李四,而非项羽了。故梁先生又曰:"若乃范蠡不殉会稽之耻,曹沫不死三败之辱,卒复勾践之仇,报鲁国之羞,则又事势不同,未可以相非也。"(《中国之武士道·项羽》)项羽选择东渡,亦不会有人非议,但一旦东渡,这铁血历史的意义,也就得重构了。

田横之事迹,见载于《史记·田儋列传》。汉王将楚王项羽打败,天下尽归于己,登基做了皇帝。那时田家诸将,只剩田横一人,他和高帝不睦,怕性命难保,就带了五百余人,入海住到一座岛上。后自刎,两门客捧其头,同使者一起驰奏高帝。高帝叹曰:"嗟乎,有以也。夫起自布衣,兄弟三人更王,岂不贤哉!"说完流涕,并拜两位门客为都尉,调集二千人,以王者礼葬田横。葬毕,二位门客在坟旁掘大坑,同时自刭,葬身坑中,与田横地下相从。高帝闻之大惊,知道田横手下均是一时豪杰。想到田横余部尚有五百人在海中,遣使召之。这五百人听说田横已死,亦同时自杀,没有剩下一人。此事如何悲壮!田家兄弟如何能得人心!张元济先生以一"耻"字,来解读整个事件。认为高祖召田横入朝,也未必一定要害他,只是田横觉得"其耻固已甚矣",所以要自刎。不死海岛,而死尸乡,只为避开手下五百人,免得他们同时毕命,此亦因"耻"。这五百人可以不死,只是"耻"于应高祖之使命;那两位门客亦可以不死,只是"耻"于做高祖之都尉。故张先生有"我敢说他们心中,人人都怀着一个'耻'字"（《中华民族的人格》，66页）之言。太史公司马迁为田横立传，哀叹"不无善画者，莫能图，何哉"，可谓崇拜之至。梁启超先生则评田横诸人是"以五百人者结八百年之局，其亦不负太公管子之教矣"（《中国之武士道·田横》）。从"大勇"的角度，著者则以为田横之死固为"大勇"，五百人之死及两位门客之死，亦可视为"大勇"之一种。

子囊之事迹，见载于《说苑·立节》。梁启超先生评价子囊是真爱国而非假爱国："既牺牲其名誉以捍国民目前之患，复牺牲其身命以为国家百年之计，非真爱国者能如是耶？"（《中国之武士道·子囊》）著者曰：牺牲自己之名誉，以免除"辱君亏地"之后果，是为忠君忠国；名誉既已牺牲，不死无以偿还，于是只得伏剑而死，是为杀身成仁、舍生取义。如此则子囊之"大勇"，成立矣。事有为一时之利，有为百世之利，为一时之利而撤兵，为百世之利而死，故梁先生谓"若乃两者之利害不能相容，则君子之所以自处者几穷"（《中国之武士道·子囊》）。面对两难，"君子"基本上是没有退路的。成公赵之事迹，亦见载于《说苑·立节》。真正处心积虑以图刺万乘之君，梁启超先生认为是成公赵开了先河；决不肯以诡道、假他力达其目的，"必将正行以求之"，梁启超先生以为亦足可"法于后世"（《中国之武士道·成公赵》）。著者则以为重任在肩，"必将正行以求之"，是为"大勇"；事不成，功不就，虽宋康公已病死，亦决不苟活，亦为"大勇"。在目标已死的情况下，依然以身殉志，没有成公赵之"大勇"，是做不到的。

（三）道义重于生命

在"道义重于生命"方面，有死不逃刑者，如庆郑、奋扬等；有急他人之难，赴汤蹈火，重义轻生者，如墨子、鲁仲连等；有以死成他人之名者，如聂荣；有见义勇为，以死卫道者，如子路等。

庆郑之事迹，见载于《左传·僖公十四、十五年》。庆郑该当何罪就当何罪，决不托词以逃刑，亦当为"大勇"之一种？！奋扬之事迹，见载于《左传·昭公二十年》。奋扬未死，但他已做好就死之准备，亦与"大勇"略似。墨子之事迹，见载于《墨子·公输》及《淮南子》等书。《淮南子》的记载是："墨子服役者百八十人，皆可使赴汤蹈火，死不还踵，化之所致也。"著者以为墨子虽以"非攻"为主张，但却以"尚武"为精神，学之最高境界是"成"，"成"之最高境界是"战而死"。故梁启超先生评墨子是"以战死为光荣"，认为墨家弟子求学之目的，"即在于是矣"，"故门弟子百数，皆可赴汤蹈火，其所以为教者使然也"（《中国之武士道·墨子》）。墨子"尚武"，却又以"非攻"为主张，可知其"尚武"不是"乱武"，而是"义武"，此为"大勇"之规定一；墨子救世之患，急人之难，虽"百舍重茧，裂裳裹足"亦在所不惜，虽不能为而为之，此为"大勇"之规定二；墨子"摩顶放踵以利天下"，重义轻死，赴汤蹈火，死不旋踵，此为"大勇"之规定三。有此三层，则墨子"大勇"之人格成矣。

鲁仲连之事迹，见载于《史记·鲁仲连邹阳列传》及《资治通鉴》等书。《史记》记鲁仲连谈笑却秦军，重在"为人排患释难解纷乱而无取"一句话；《资治通鉴》记鲁仲连一书救聊城，重在"与富贵而诎于人，宁贫贱而轻世肆志"一句话。梁启超先生以为鲁仲连以一介书生，而能折梁使，存赵国，其词气之间何其"凛然其不可犯"，其权利思想何其"高尚而圆满"。故梁先生许鲁仲连为"天下大勇"，以为若无此"天下大勇"，决不会让秦将闻之而退却（《中国之武士道·鲁仲连》）。梁先生又许鲁仲连与"古来之豪杰"并列，认为他们均是"可学之模范"（《中国之武士道·鲁仲连》）。可知梁先生评鲁仲连，重在其"大勇"一方面，对其"为人排患释难解纷乱而无取"一方面，庶几忽略矣。

聂荣之事迹，见载于《史记》及《战国策·韩策》。《战国策》的记载是：韩取聂政尸暴于市，悬购之千金。久之，莫知谁。政姊荣闻之曰："吾弟至贤，不可爱妾之躯，灭吾弟之名，非弟意也。"乃之韩，视之曰："勇哉！气矜之隆，是其轶贲育，高成荆矣。今死而无名，父母既殁矣，兄弟无有，此为我故也。夫爱身不扬弟之名，吾不忍也。"乃抱尸而哭之，曰："此吾弟轵深井里聂政也。"亦自杀于尸下。晋、楚、齐、卫闻之，曰："非独聂政之能；乃其姊者，烈女也。聂政之所以名施于后世者，其姊不避菹醢之诛以扬其名也。"著者曰：聂政死，人不知其名；欲彰其名，必以其姊之死。其姊以自己之死而扬其弟之名于后世，以自己之死而换弟之不死，其"勇"亦"大"矣。以此张元济先生许之为"一门两豪杰"（《中华民族的人格》，36页）。

子路之事迹，见载于《左传·哀公十五年》。子路"结缨而死"，重在"利其禄必救其患"一句话上；而子路"勇"之"大"，又不仅在"救其患"，而在"以死救其患"；"生而救其患"，很难谓之"大"，"死而救其患"，则可谓"大"矣。子路正食孔悝之禄，孔悝受太子逼迫，无法脱身，所以子路要去救他。子羔之劝，公孙敢之阻，均不能动摇其决心，张元济先生评此为"见义勇为"（《中华民族的人格》，36页），并谓其"结缨而死"是"何等从容不迫"（《中华民族的人格》，36页）。从容就死，亦可为"大勇"之一种。

（四）职守重于生命

在"职守重于生命"方面，可表彰者，有钼麑、子兰子以及齐太史兄弟、李离、申鸣、孟胜等。

钼麑之事迹，见载于《左传·宣公二年》。有君命在身，不得不从，此难也；贼民之主，不忍下手，此亦难也。两难当头，鉏麑"触槐而死"，其"勇"不"大"不能为。亦可以不死，如逃亡，如弃旧君而就新主等，然如此则无"大勇"矣。

子兰子之事迹，见载于《说苑·立节》。子兰子，齐国人，在白公胜手下当差。白公胜发难前，告诉子兰子说："吾将举大事于国，愿与子共之。"子兰子答曰："我事子而与子杀君，是助子之不义也，畏患而去子，是遁子于难也。故不与子杀君以成吾义，契领于庭以遂吾行。"著者曰：梁启超先生评子兰子之行为是"殉其职守"（《中国之武士道·子兰子》），可谓至论矣。一人之身份有多种，每一种身份均有其特殊之职守。此各职守间有时能兼容，有时不能兼容，兼容则尽职，不兼容则殉职，于君子而言，似无"中间道路"矣。

齐太史兄弟之事迹，见载于《左传·襄公二十五年》。齐崔杼既盟于大宫，太史书曰："崔杼弑其君。"崔子杀之。其弟嗣书，而死者二人。其弟又书，乃舍之。南史氏闻太史尽死，执简以往。闻既书矣，乃还。著者曰：梁启超先生评齐太史兄弟及南史氏为"大勇"，可谓一语中的；又以"轰轰男子"形容之，亦极中肯。他们不仅是"史家之模范"，更应为"全社会人所当步趋"。梁先生之言曰："忠于职任，能尽义务，不畏强御，不枉所掌者，是谓大勇。"（《中国之武士道·齐太史及三弟南史氏》）可知"大勇"不仅可表现于战场，亦可表现于文字。

李离之事迹，见载于《史记·循吏传》。李离，晋文公之理。过听杀人，自拘当死。文公曰："官有贵贱，罚有轻重，下吏有过，非子之罪也。"李离曰："臣居官为长，不与吏让位；受禄为多，不与下分利。今过听杀人，傅其罪下吏，非所闻也。"辞不受令。文公曰："子则自以为有罪，寡人亦有罪邪？"李离曰："理有法：失刑则刑，失死则死。公以臣能听微决疑，故使为理。今过听杀人，罪当死。"

遂不受令，伏剑而死。著者曰：呜呼！引咎降职者尚不多见，何况引咎而死！李离视职守重于生命，可知我先民人格之刚烈。梁启超先生评李离曰："以死殉职守，以死殉法律，勇之至也。是真能得法治国之精神哉！当时武士道成为风气，其所感被，不独在军人社会而已。"（《中国之武士道·李离》）何谓"勇之至"？著者以为不过"大勇"而已。

申鸣之事迹，见载于《韩诗外传》。申鸣系楚士，治园以养父母，以孝闻名于楚。楚王召见他，他推辞不去。以"行不两全，名不两立"之由自刎而死。这正应了《诗经》中"进退惟谷"那句话。忠孝不能两全时，可舍孝而就忠，亦可舍忠而就孝。就中国文化之"大视野"言之，舍孝而就忠者"大"，舍忠而就孝者"小"。申鸣则更进之，在忠孝不能两全时，硬求其全，于是只得"自刎而死"。舍孝而就忠，自刎前已完成矣；舍孝之后又挽回其孝，只能以一死完成之。以死偿不孝，亦可谓"大"。故梁启超先生以为申鸣已实现两全之追求："始也顺亲之志，终也死国之职，申鸣之志事，其已两全也。"（《中国之武士道·申鸣》）

孟胜之事迹，见载于《吕氏春秋·上德》。孟胜以一己之死"行墨者之义而继其业"，是重义务而轻死生，其"勇"亦可谓"大"矣。从另一方面而言之，孟胜又是死于"阳城君令守于国"之承诺与职守，此亦不可谓之"小"。

（五）承诺重于生命

在"承诺重于生命"方面，有以死保守秘密者，如田光、江上渔父、溧阳女子等；有以死兑现承诺者，如程婴等；有以死示忠者，如公孙杵臼等。

田光之事迹，见载于《史记·刺客列传》及《战国策》等书。《战国策》的记载只是不曰"自刎而死",而曰"自到而死"。著者曰:保守秘密之最好的证明,就是杀人灭口或自杀灭口,田光能之,真"侠客"也。田光不死,燕太子丹也未必怪罪,但内心总有几分存疑;田光以一己之死,来打消此种存疑。故张元济先生评田光之语是:"田光的死,是守信。"(《中华民族的人格》,59页)

江上渔父及溧阳女子之事迹,见载于《越绝书》及《左传·昭公二十年》。伍子胥遭荆平王追杀,往南投奔吴国。帮他渡江的渔者反扣其船,拔出匕首,自刎而死江水之中,以证明自己没有泄密。子胥前行,到达溧阳地界,见一女子击絮于濑水之中。向其乞食后子胥走出五步回头,女子已自纵濑水之中而死。子胥于是到达吴国,徒跣被发,乞于吴市。《左传》的记载大体相类。著者曰:江上渔父与溧阳女子,并未与伍子胥有守密之约,因而并未有守密之义务。然一以"自刎而死江水之中"以明"无泄",一以"自纵于濑水之中而死"以明"无泄",何其不可思议!"勇"耶?"小勇"耶?"大勇"耶?连梁启超先生都分辨不清,问:"岂崇拜英雄之心所驱使耶?"(《中国之武士道·江上渔父溧阳女子》)著者答曰:非也!崇拜英雄之心不足以令人如是。著者以为江上渔父、溧阳女子(梁先生称为"江上丈人"、"击絮女子")所以视死如归者,恐因伍子胥之言,无意中玷污了其人格;伍子胥"无令之露"之提醒,并非出于恶意,但在江上渔父、溧阳女子听来,则是人格被疑,无异奇耻大辱,不死不足以说清。从此角度以论,江上渔父、溧阳女子"勇"之"大",也许不在伍子胥之下。

程婴、公孙杵臼之事迹,见载于《史记·赵世家》。等到赵氏成年,行完冠礼,程婴乃辞诸大夫,对赵武说:"昔下宫之难,皆能死,我非不能死,我思立赵氏之后。今赵武既立,为成人,复故位,我将下报赵宣孟与公孙杵臼。"赵武啼泣,顿首,再三请求:"赵武愿苦筋骨以报子，至死，而子忍去我死乎？"程婴说："不可！彼以我为能成事，故先我死。今我不报，是以我事为不成。"于是自杀。著者曰：以死兑现承诺者，惟程婴乎？以死表达忠心者，惟公孙杵臼乎？死亦死，立孤亦死；能死者先死，能立孤者后死。一约重泰山，故立孤虽成，程婴亦请死。以屠岸贾之老奸巨猾，没有程婴、公孙杵臼之"大智"，赵氏之孤是万不能保全的。要让屠岸贾彻底相信假戏为真，公孙杵臼和假遗腹子就必须去死，而公孙杵臼果真能慨然就死，这是死于忠，此为其"大勇"一；程婴分担立孤使命，后赵武成立，总算成功，虽对得住赵氏父子，亦对得住公孙杵臼，却对不住当日"先死后死"之约，欲要履约，惟有"自杀"，于是程婴慨然赴约，这是死于信，此为其"大勇"二。张元济先生曾有评语曰："公孙杵臼的死，是死于忠；程婴的死，是死于信。"（《中华民族的人格》，9页）确为至当之论。

（六）恩仇重于生命

在"恩仇重于生命"方面，有以死报恩者，如北郭骚、聂政、荆轲等；有以死报主者，如孟胜之门人、田横之客等；有以死报仇者，如伍尚、豫让、高渐离等；有以死报友者，如信陵君、虞卿、贯高等。

北郭骚之事迹，见载于《晏子春秋·内篇杂上》及《吕氏春秋·士节》。全篇重心，在"吾将以身死白之"一句话，以死报恩，就是北郭骚及其诸友的信条。晏婴对他有恩，所以必以死报答，其"勇"耶？其"怯"耶？梁启超先生曾以北郭骚之于晏子，与侯嬴之于平原君相比较，侯生死以存赵，北郭子死以安齐（非徒以报晏子，实以安齐国），并认为他们之死都是"重于泰山"。北郭骚不若侯生之名于后世，只因侯生见于司马迁之《史记》，而北郭骚没有（《中国之武士道·北郭骚及其友》)。设若梁先生"重于泰山"之言成立,则北郭骚及其诸友之死,亦不失为一种"大勇"矣。

聂政之事迹,见载于《史记·刺客列传》及《战国策·韩策》。《战国策》的记载以"严遂"而替换"严仲子"、以"韩傀"而替换"侠累",并有细节之异:"聂政直入阶,刺杀韩傀,韩傀走而抱哀侯。聂政刺之,兼中哀侯,左右大乱。"著者曰:收卖和施恩有时是很难区分的,严仲子之于聂政,买凶耶?施恩耶?聂政未收严仲子之厚礼,可排除"买凶"之嫌疑!梁启超先生以"侠"评聂政,以为"聂政之侠,旧史之所以称道者至矣"(《中国之武士道·聂政》)。张元济先生则以"孝"、"廉"、"神勇"、"英雄本色"四词评价之:老母在,不以身许人,孝也;日子艰难,但不收百金,廉也;单身入韩,不动声色,手到功成,神勇也;为知己者死,英雄本色也(《中华民族的人格》,36页)。著者看重张先生"神勇"与"英雄本色"二评语,以为合而言之,就是"大勇":所以毫无畏惧,只因问心无愧!

荆轲之事迹,见载于《史记·刺客列传》及《战国策》。荆轲到易水渡口,祭过路神,正要出发,至交高渐离提着竹制乐器赶到,弹打送别曲。荆轲同声唱和,声调凄凉,士皆垂泪涕泣。荆轲又上前,单独唱歌一曲:"风萧萧兮易水寒,壮士一去兮不复还。"声调激烈,慷慨激昂,士皆怒目,发尽上指冠。荆轲唱完,跳上车子,带上秦武阳,扬鞭西去,头也不回。后荆轲身中八刀,身受重伤。自知事已失败,倚柱而笑,歪斜着身子骂道:"事所以不成者,以欲生劫之,必得约契以报太子也。"左右侍卫上前,杀死荆轲与秦武阳。著者曰:荆轲敢刺秦王,一如今日小国之士敢刺美国总统,其"勇"不"大"如天,不敢为也。张元济先生曾评荆轲之死是死于"尽职",且认为是"虽死犹生"(《中华民族的人格》,59页)。此评固有其理,但"尽职"之论似不如"报恩"之论。荆轲是为报"知己"之"恩"而死。梁启超先生则以"贤"评荆轲,认为当时乃是"多贤"之时代,"荆卿以还,次有张良,次有贯高,皆同起于前后三十年间。自兹沉沉黑暗数十世纪,不复有此等人物闻于历史矣!何意百炼钢,化为绕指柔。先民之元气斵丧如此其易也,谁之罪欤"(《中国之武士道·荆轲》)?梁先生之评,似亦未远离"大勇"?

孟胜门人之事迹,见载于《吕氏春秋·上德》。孟胜以死殉职,弟子以死追随者百八十三人。田横门客之事迹,见载于《史记·田儋列传》。田横誓死不事汉高祖,以身殉义,追随而死者五百人。俗语曰:收人钱财替人消灾。此"小勇"也。不收人钱财而替人消灾或滴水之恩而以涌泉相报,方为"大勇"矣。

伍尚之事迹,见载于《左传·昭公二十年》及《越绝书》等。《越绝书》的记载情节相类,但细节有不同。伍员伍子胥报仇而未死,能为"大勇"乎?凡"大勇"未有不死者,伍子胥破例矣。张元济曾以"圆满无缺"评伍尚,而不评伍子胥,说:"伍尚为人,对他的父能够尽子道,对他的弟能够尽兄道,他的人格,可算得圆满无缺"(《中华民族的人格》,12页),似有隆尚而抑胥之嫌疑。梁启超反之,隆胥而抑尚,认为子胥"其智深勇沉,则真一世之雄也"(《中国之武士道·伍子胥》)。或曰:伍子胥引外族而颠覆自己之祖国,冠以民族罪人之名,不亦宜乎?梁先生答曰:复仇亦天下之大义,父冤死而不报,是无人心;以孔子之圣,犹且去鲁干七十二君,"当时风尚如是,于子胥何责焉"(《中国之武士道·伍子胥》)?隆胥之心,跃然纸上。以著者判之,伍尚、伍子胥均可为"大勇"矣。

豫让之事迹,见载于《战国策·赵策》及《史记·刺客列传》。《史记》的记载,情节大体一致,仅有少量文字上的差异,如以"伏剑自杀"替换"伏剑而死",以"赵国志士"替换"赵国之士"等。著者曰:豫让报仇,有很强的原则性:报智伯之仇而不报范中行氏之仇,此其一;决不肯以"怀二心以事其君"之方式杀赵襄子,此其二;即使"请君之衣而击之"亦觉死而无憾,此其三。张元济先生曾以"志气的坚决"、"义烈"、"正直的精神"等词评价豫让,认为他是中国历史上"以报仇而最得名的一个人"(《中华民族的人格》,25页)。梁启超先生则许之以"坚忍",说:"坚忍若豫让者,何事不可成哉!然竟不成,岂力固不足以胜命耶?"(《中国之武士道·豫让》)据说《战国策》原有一句话,曰:"豫让击衣,衣尽出血。襄子回车,车轮未周而亡。"(《史记索隐》引,今本无)可知豫让之目的虽未达成,"盖已达矣"。以此言之,豫让之死是已达目的之死,而非未达目的之死,如此则其死亦"大"矣。至于其勇,似尚不足,然能"伏剑而死",却亦不能小视。

　　高渐离之事迹,见载于《战国策》及《史记·刺客列传》。高渐离是荆轲之知音。荆轲刺秦王不成,秦兼天下,"其后荆轲客高渐离,以击筑见秦皇帝,而以筑击秦皇帝,为燕报仇,不中而死"(《战国策》)。高渐离之死,在太史公司马迁笔下,更为详尽与传神:"秦并天下,立号为皇帝。于是秦逐太子丹、荆轲之客,皆亡。高渐离变名姓为人庸保,匿作于宋子。久之,作苦,闻其家堂上客击筑,傍徨不能去。每出言曰:彼有善有不善。从者以告其主,曰:彼庸乃知音,窃言是非。家丈人召使前击筑,一坐称善,赐酒。而高渐离念久隐畏约无穷时,乃退,出其匣中筑与其善衣,更容貌而前。举坐客皆惊,下与抗礼,以为上客。使击筑而歌,客无不流涕而去者。宋子传客之,闻于秦始皇。秦始皇召见,人有识者,乃曰高渐离也。秦皇帝惜其善击筑,重赦之,乃矐其目,使击筑,未尝不称善。稍益近之,高渐离乃以铅置筑中,复进得近,举筑扑秦皇帝,不中。于是遂诛高渐离,终身不复近诸侯之人。"(《史记·刺客列传》)著者曰:高渐离报仇,一为荆轲,二为燕国,其出发点亦善矣;于无寸铁,"举筑扑秦皇帝"(已"兼并天下"之皇帝),其胆量与勇气亦大矣。其"大勇"

当不在田光、樊於期、荆轲之下。以一人一筑而向兼有天下之秦复仇，如以卵击石，又如螳螂挡车，明知不可为而为之也。就此而观之，高渐离之死亦"大"矣。

信陵君之事迹，见载于《史记·魏公子列传》。梁启超先生曾以"义侠"评信陵君，可知信陵君乃是为朋友两肋插刀之人，"去千乘之位，而入虎穴，以急朋友之难。吁！何可及也"（《中国之武士道·信陵君》）！

虞卿之事迹，见载于《史记·范雎蔡泽列传》。虞卿以首相之尊，虽非为朋友而死，却亦为朋友解相印、捐万户侯，其行为不可谓不"大"。梁启超先生曾以"贤"许之，谓："虞卿可不谓贤耶！不惜掷相印以急其友之难，……愈难能而可贵矣。"（《中国之武士道·虞卿》）虞卿之"贤"合乎儒家重友轻利的标准。

贯高之事迹，见载于《史记·张耳陈馀列传》。贯高冒死为赵王出气，是为"忠"；拼其性命证明赵王之清白，是为"义"；一人做事一人当，成则不居功，败则以死偿之，是为"节"。合"忠"合"义"合"节"，其"勇"之"大"，可知矣。"吾责已塞"，这故事最关键的就是这四个字：吾责已塞，则虽死犹荣；吾责未塞，则死不瞑目。能塞吾责，则能有非凡之气概，则能忍九死一生之痛苦；能塞吾责，则可为大丈夫，则可为枭雄。故张元济先生自问："怎能够使世上的人个个都想着这四个字？"（《中华民族的人格》，75页）梁启超先生则以"从容就义"许贯高，认为赵午等人以一死自谢，高虽高矣，但较之贯高"从容就义"之境界，相差何止千里？梁先生又引"慷慨赴死易，从容就义难"之常语（《中国之武士道·贯高》），以明贯高之死，确是难能！赵午等人可谓是"慷慨赴死"，有其"勇"；贯高可谓是"从容就义"，有其"大勇"。

第 六 章

"大人"之"世界主义"视野

"大人"放眼世界,中华文明追求"大人"人格,所以一直就有一个世界主义的传统。有破"国家中心论"的较低层次的世界主义,如梁启超、顾炎武等;有破"区域中心论"的较高层次的世界主义,如先秦诸家等;有破"人类中心论"的最高层次的世界主义,如张载、陆象山、康有为等。世界主义的各种形态,在中华文明中是齐备的。如果问其现代价值,则此种"大视野",至少可以提升全球伦理之视野,使全球伦理真正成为"普世伦理"或"普遍伦理",把全球伦理之"全球"视野,提升到"宇宙"视野、"天下"视野。这是可以确定的了。

一、所谓"世界主义"的视野

"人类中心论"需要破除,因为地球不只是人类之家园,它还是所有其他生命共有之家园。破除"国家中心论"、"民族中心论",有一件很好的武器,就是中华文明的世界主义;同样,破除"人类中心论",这也是一件很好的武器。

中华文明有所谓"世界主义"的视野吗?

查《不列颠百科全书》"世界主义"(cosmopolitanism)条,可知在古希腊也曾出现过一种"世界主义",此种"世界主义"在公元前4世纪至公元前3世纪由斯多噶派提出,旨在破除当时盛行的"希腊优越论"(即认为希腊人在人种和语言等方面均自然或"天然"地优越于野蛮人)。破除之法就是"他们自称为世界主义者,意思是说他们的城邦就是整个宇宙或整个世界",就是论证"真正的斯多噶哲人并非某一个国家的公民而是全世界的公民"[①]。此处所谓"世界主义"虽只是为了破除"民族中心论"(即希腊民族中心论)而提出来的,但许多史学家均认为其意义重大,以为它是为西方世界接受基督教做了理论上的准备。

---

① 《不列颠百科全书》(国际中文版),第4卷,509页,北京,中国大百科全书出版社,1999。

以此为背景吾人可以说，中华文明不仅有斯多噶派（Stoics）这样的"世界主义"，而且有比这种"世界主义"更为广泛的"世界主义"，可称为"泛世界主义"（Pan—cosmopolitanism）。换言之，中华文明的"世界主义"不仅可以破除"民族中心论"、"国家中心论"，而且亦是可以破除"地球中心论"、"人类中心论"的。所以若谓斯多噶派的"世界主义"有助于构建全球伦理，则中华文明之"泛世界主义"会更有助于构建全球伦理。

著者以为"世界主义"可以分为较低层次、较高层次与最高层次三个层面：较低层次的"世界主义"是超越民族、超越国家的，可打破诸如"希腊中心论"、"美国中心论"等思维格局；较高层次的"世界主义"是超越地域或区域的，可打破诸如"西方中心论"、"东方中心论"等思维格局；最高层次的"世界主义"则是超越人类的、超越地球的，可打破诸如"人类中心论"、"地球中心论"等思维格局。

"世界主义"有一个共同的特征，就是无论何时何地、何人何事，均得以世界为依归、为出发点、为前提。换言之，均得先考虑世界，然后再考虑区域、国家或民族；当区域、国家或民族之利益与世界之利益发生冲突的时候，均得取世界而舍区域、国家或民族。不是说讲到世界就是"世界主义"；不以世界为依归、为出发点、为前提，即使再讲世界、再强调世界，也不得谓之为"世界主义"。这是著者对于"世界主义"所持的一个基本观点。著者讲中华文明之"世界主义"，也是基于这个基本观点而讲的。

胡适先生在谈到"世界主义"的时候，曾引用了美国康乃尔大学当时的史学教授葛得文·斯密斯（Goldwin Smith）的一句名言："万国之上犹有人类在！"[①] 这种"世界主义"显然只以破除"国家中心论"为目标。

---

① 胡适：《胡适口述自传》，唐德刚注译，66页，合肥，安徽教育出版社，1999。

二、"大人"之"世界主义"视野

梁启超先生是较早揭示中华文明之世界主义特征的思想家之一,他在《先秦政治思想史》(1923)一书中,认为中国先秦之政治学说,"可以说是纯属世界主义"[①]。理由是,中国人讲政治,总以"天下"为最高目的,国家、家族等不过是达到此最高目的的一个阶段。《礼记·大学》的"平天下"、《礼记·礼器》的"以天下为一家,中国为一人"等说法,反映的是儒家的世界主义;《老子》的"以天下观天下"、"以无事治天下"、"抱一为天下式"等说法,反映的是道家的世界主义;《商君书·修权》的"为天下治天下"、斥"区区然擅一国者"为"乱世"等说法,反映的是法家的世界主义;《墨子·天志》的"天兼天下而爱之"等说法、《墨子·兼爱》的"视人之国若其国"等说法、《墨子·尚同》的"天子壹同天下之义"等说法,反映的是墨家的世界主义。这是一股发源很早的世界主义潮流。以这样的世界主义的眼

[①] 梁启超:《先秦政治思想史》,《饮冰室专集》之五十,194页。

光，去看近代以来西方盛行的国家主义、民族主义，感觉它们是非常"褊狭可鄙"的。

孔子、墨子、孟子诸人周游列国，谁采纳其主张就帮谁，从未听说他们有所谓"祖国"观念。他们觉得自己是"天下"一分子、世界一分子，并不是专属某一国的。帮助秦国一统天下的政治家，从由余、百里奚到商鞅、张仪、范睢、李斯等，无一人有秦国国籍，他们觉得"国家"乃是世界中之一行政区域，此世界上所有有才能之人理应均有权来共同治理。梁启超先生认为中国的此种"世界主义政治论"，对于中华民族"能化合成恁么大的一个民族"，是有"至大"的贡献与影响的。他甚至认为中国行此世界主义必胜，不行此世界主义则必败，"近二三十年来，我们摹仿人家的国家主义，所以不能成功，原因亦由于此"①。

与此种世界主义紧密相关的，是中国人根深蒂固的"天下"观念。中国先哲之思维，皆以"天下"为立足点，而不以"国"、"家"等一部分自画，此乃百家所公同。表现在政治上，就产生所谓"天子"观念。"天子"一词，始于《尚书·西伯戡黎》、《尚书·洪范》诸篇，后又出现于《诗经》之《雅》、《颂》诸篇，可以说是与中华文明俱始。《尚书·洪范》所载"天子作民父母以为天下王"之言，可以说是表达了历代"天子"的全部理想。"天子"是天之子。上，他为天之子；下，他为民之父母。天子就是天与民之间的一个中介，《尚书·尧典》称为"格于上下"，亦可名曰"天人相与"或"天工人其代之"。"天子"作为天与民之间的一个中介，对上他是世界主义的，因为他代表的是"天下"之全部，而非"天下"之一部分；对下他亦是世界主义的，因为他所经营的是天下"黎民"之全体，而

---

① 梁启超：《先秦政治思想史》，《饮冰室专集》之五十，194页。

非天下"黎民"之一部分。在"天子政治"的格局中,"国"、"家"等区域性概念,是可以舍而不用的。

孔子所作《春秋》的第一句话是"元年春王正月",《公羊传》解释为:"何言乎王正月,大一统也。""王"就是超越国家、超越民族的"大一统"。孔子所作《春秋》的"微言大义",就是此种"大一统"之追求。其"据乱"、"升平"、"太平"三世之说,即是表示由国家主义而区域主义、由区域主义而世界主义之不断进化之阶梯。"据乱世"是国家主义的,故《公羊传》说它"内其国而外诸夏";"升平世"是区域主义的,故《公羊传》说它"内诸夏而外夷狄";"太平世"是世界主义的,故《公羊传》说它"天下远近大小若一,夷狄进至于爵"(《春秋公羊传·哀公十四年》)。梁启超先生谓"太平世""非惟无复国家之见存,抑亦无复种族之见存"①,意即既破除了"国家中心论",亦破除了"种族中心论"。若公羊高对《春秋》的解释不诬,则可知世界主义乃是《春秋》一书的最高追求。而《春秋》一书又是全部中国史学之"范式"或"格式"的确立者,可知世界主义同样是全部中国史学之最高追求。

在朱熹编定的"四书"(1189年左右)中,《大学》居"四书"之首。《大学》要表达的是一种什么观念呢?就是"治国平天下"的观念:它以为只有"治国平天下"之学,才够资格称为"大学";其他的学问,如文词诗赋,如花鸟虫鱼等,都只能谓之"小学"。而"治国平天下"的学问,又以什么为最高追求呢?以世界主义为最高追求。《大学》里讲"古之欲明明德于天下者,先治其国,欲治其国者,先齐其家,欲齐其家者,先修其身",是不是一种世界主义呢?著者以为还不是一种完整的世界主义,因为它还只讲到假如想"平

---

① 梁启超:《先秦政治思想史》,《饮冰室专集》之五十,154页。

天下"则当以"治国"为前提。《大学》里又讲"身修而后家齐，家齐而后国治，国治而后天下平"，是不是一种世界主义呢？著者以为也不是一种完整的世界主义，因为它还只讲到"平天下"当以"治国"为必要条件。《大学》里还讲"其本乱而末治者否矣，其所厚者薄而其所薄者厚，未之有也"，是不是一种世界主义呢？著者还是认为不是一种完整意义的世界主义，因为它还只讲到"平天下"当以"治国"为充分条件。只有将上述三层意思合并起来，才能构成一种完整的世界主义：第一层讲"天下"是政治之出发点，第二层讲"天下"是政治之归宿，第三层讲无"天下"即无政治。三层合并，构成一种牢不可破的世界主义思维，有此思维则一切可谈，无此思维则一切无从谈起。

"四书"的第二部是《中庸》。《中庸》之基调亦是世界主义的吗？著者可断然答曰：是！《中庸》气象之伟大、理想之崇高，决不在《大学》之下。《中庸》说"知所以修身则知所以治人，知所以治人则知所以治天下国家矣"，与大学意境相同。《中庸》又说"是故君子动而世为天下道，行而世为天下法，言而世为天下则，远之则有望，近之则不厌"，意境更上一层。《中庸》更说"是以声名洋溢乎中国，施及蛮貊。舟车所至，人力所通，天之所覆，地之所载，日月所照，霜露所队（坠），凡有血气者莫不尊视，故曰配天"，此处将思维视野明确定位于超乎"中国"之上，明确定位于"天之所覆，地之所载，日月所照，霜露所队（坠）"，显然是有比《大学》更进一步的了。其世界主义甚至已经突破地球的界限。

"四书"的第三部《论语》，也不脱离世界主义的立场。其"四海之内，皆兄弟也，君子何患乎无兄弟也"（《论语·颜渊》）之言，已经具有世界主义的立场。其"子欲居九夷，或曰：陋如之何，子曰：君子居之，何陋之有"（《论语·子罕》）之言，就更是具有宏大的世界主义气魄:扩大自己的文化而被之于全人类,使人类共立于文化平等之地位,如此则虽居"九夷",又何陋之有?"夷"不是先天的,亦不是永恒不变的,"夷"而能提升文化,它便不再是"夷";更为重要的,是孔子以为文化而不能被于"九夷",便不是真正的文化,文化而不能扩及世界,便不是真正的"天下文化"。孔子说:"言忠信,行笃敬,虽蛮貊之邦行矣;言不忠信,行不笃敬,虽州里行乎哉?"(《论语·卫灵公》)讲的就是"有理走遍天下,无理寸步难行"之道。"有理"在此处就是"有文化"("忠信"、"笃敬"就是一种文化),"有文化"就能走遍天下,也必须走遍天下。

至于"四书"中之第四书《孟子》,更是开篇即以"超国家主义"为立场。孟子见梁惠王,王问孟子"不远千里而来,亦将有以利吾国乎",显是以国家主义的立场发问。孟子的回答是:"上下交征利,而国危矣"(《孟子·梁惠王上》)。既反对其功利主义之立场,又反对其国家主义之立场。孟子又见梁襄王,王卒然问曰:"天下恶乎定?"孟子的回答是:"定于一。"(《孟子·梁惠王上》)"一"就是统一,就是"大一统",就是超越民族与国家。孟子在此处已意识到,国家主义、民族主义乃是一切战争、灾难、痛苦之根源,乃是造成"率兽而食人"、"嗜杀人"之局面之根源。他以为国家主义专以己国为本位,实质就是"霸道";纠正之法就是超国家主义,就是世界主义,亦就是"王道"。正是在此意义上,著名史学家梁启超先生直接把中国历史上的"王霸之辨",界定为世界主义与国家主义之辨,说:"凡儒家王霸之辨,皆世界主义与国家主义之辨也。"① 尽管此种界定有失偏颇,但亦有相当道理。据著者个人的观点,王霸之辨也许更多的不是世界主义与国家主义之辨,而是世界主义实现方法之辨;换言之,倡"王

---

① 梁启超:《先秦政治思想史》,《饮冰室专集》之五十,155页。

道"者与倡"霸道"者，其实都是世界主义者，差别只在实现世界主义之方式与途径，一主和平实现，一主武力实现，一主"文化"，一主"武力"。

宋儒张载不仅承绪了先秦圣哲的世界主义传统，而且发展了此种传统。张载《正蒙》一书有"民，吾同胞；物，吾与也"（《正蒙·乾称篇》）之言，不仅是突破了国家中心论的，而且是突破了人类中心论的。其语录又有"理不在人皆在物，人但物中之一物耳，如此观之方均"（《语录上》）之言，完全是打破人类中心论，而把人类与自然万物一体平看的：能一体平看，则为公允（"方均"）；不能一体平看，则为不公允。这是中国思想家第一次明确用"方均"一词，来评价世界主义。此外，宋儒程颢有言："仁者与天地万物为一体，莫非己也。……故博施济众乃圣之功用。"（《河南程氏遗书》卷二上）程颐有言："物我一理，才明彼，即晓此，合内外之道也。……然一草一木皆有理，须是察。"（《河南程氏遗书》卷十八）朱熹有言："宇宙之间一理而已，天得之而为天，地得之而为地，而凡生于天地之间者，又各得之以为性，……盖皆此理之流行，无所适而不在。……而幽明巨细无一物之遗也。"（《朱文公文集》卷七十，《读大纪》）陆象山有言："宇宙便是吾心，吾心便是宇宙。千万世之前有圣人出焉，同此心同此理也；千万世之后有圣人出焉，同此心同此理也，东南西北海有圣人出焉，同此心同此理也。"又曰："宇宙内事，是已分内事；已分内事，是宇宙内事。"（《象山先生全集》卷二十三，《杂说》）明儒王阳明有言："大人者，以天地万物为一体者也，其视天下犹一家，中国犹一人焉。若夫间形骸而分尔我者，小人矣。"（《王文成公全书》卷二十六，《大学问》）凡此等等，均是承绪并光大世界主义之思维传统的。

清代思想家顾炎武那句"天下兴亡，匹夫有责"的名言，也是立于世界主义的立场而说的。他说："是故知保天下，然后知保其国。

保国者，其君其臣，肉食者谋之；保天下者，匹夫之贱，与有责焉耳矣。"(顾炎武：《日知录》卷十三，《正始》)认识到"保天下"是"保其国"的前提条件，这就是世界主义的立场。不预先解决好国家的问题，就无以解决好世界的问题，这是国家主义的立场；不预先解决好世界的问题，就无以解决好国家的问题，这是世界主义的立场。顾炎武所坚持的，显然是后一种立场。他说："有亡国，有亡天下。亡国与亡天下奚辨？曰：易姓改号，谓之亡国；仁义充塞而至于率兽食人，人将相食，谓之亡天下。"(顾炎武：《日知录》卷十三，《正始》)"亡国"只涉及到当权者，"亡天下"则涉及天下黎民；国是一姓之事，天下则是百姓万民之事。"亡国"与"亡天下"既有空间大小之差异，亦有善恶性质之差异；于是国家主义与世界主义不仅获得了量之规定，而且获得了质之规定。简言之，在顾炎武这里，世界主义不仅在空间上要大于国家主义，而且在性质上要"善"于国家主义。

近世康有为（1858—1927）撰《大同书》（1901—1902），构筑一个"无邦国，无帝王，人人平等，天下为公"之"大同社会"，其世界主义立场更是全面而彻底，丝毫没有保留。《大同书》整理者钱安定先生在序中引《诗经》"普天之下，莫非王土；率土之宾，莫非王臣"之言，以明康先生的立场。并说"夫大同社会，天下为公，无有阶级，一切平等，既无专制之君主，亦无民选之总统，国界既破，则无政府之可言"(康有为：《大同书·序》)，表示康先生是主张无国家主义、无政府主义的。换言之，康先生不仅完全突破了国家主义，而且根本上取消了国家，只留下世界主义。在"序"中钱先生又说："兽与人同本而至亲，首戒食之，次渐戒食鸟，次渐戒食鱼，次渐戒食有生之物焉。盖人与万物，在天视之，固同一体也。爱物为大同之至仁矣。于斯时也，人物平等，是之谓大同矣。此先生仁心之术也。"(康有为：《大同书·序》)表示康先生不仅冲破了"国家中心论"，而且冲破了"人类中心论";只有冲破了"人类中心论"的世界,才是真正的"大同"世界。

换言之,在康先生的理论中,人人平等还只是"小同","人物平等"才是"大同";破国界、破政府还只是"小同",破"人类中心论"才是"大同";天下万民一体同看,还只是"小同",只有天下万物(含人与人、人与物、物与物)一体同看,方为"大同"。故康先生的世界主义,应是前文所说的最高层次的世界主义。康先生在《大同书》中,主张"破除九界",即"去国界"而"合大地"、"去级界"而"平民族"、"去种界"而"同人类"、"去形界"而"保独立"、"去家界"而"为天民"、"去产界"而"公生业"、"去乱界"而"治太平"、"去类界"而"爱众生"、"去苦界"而"至极乐"(康有为:《大同书·甲部》第六章),就是此种世界主义的具体实施。其中"去国界"是破除国家中心论,"去种界"是破除民族中心论,"去类界"是破除人类中心论,基本符合前文所说最高层次世界主义之含义。

与康有为主张根本取消国家不同,梁启超先生的世界主义是建立在国家之上的。他主张中国当自强,自强方能立足于世界,否则,依达尔文"物竞天择,优胜劣败"之原理,中国终将沦为列强之殖民地。但各国当自强,还只是梁先生的第一步要求,若仅停留于此,他就是一个不折不扣的国家主义者。梁先生还有第二步要求,就是在列国之上建立一个世界政府,使人人均得为"世界公民",这就是他的世界主义。梁先生的终极理想是世界主义的,而不是国家主义的。第一次世界大战后成立了国际联盟,梁先生以为这是世界主义实现的先兆,他说:"这回国际联盟,总算世界主义和国家主义调和的发轫,把国家相互的观念深入人心,知道国家意志并不是绝对无限,还须受外部多大节制。质而言之,国家与国家相互之间,从此加一层密度了。我们是要在这现状之下,建设一种'世界主义的国家'。怎么叫做'世界主义的国家'？国是要爱的，不能拿顽固褊狭的旧思想当是爱国。因为今世国家，不是这样能够发达出来。我们的爱国，一面不能知有国家不知有个人，一面不能知有国家不知有世界。我们是要托庇在这国家底下，将国内各个人的天赋能力，尽量发挥，向全世界人类全体文明大大的有所贡献。将来各国的趋势都是如此，我们提倡这主义的作用，也是为此。"①；世界主义在梁先生这里，具体化为"世界主义的国家"。而"世界主义的国家"显然是世界主义和国家主义调和的产物，这样的世界主义是不反对国家主义的。

但这样的调和却不能永恒，往前发展，要么是世界主义占先，要么是国家主义占先，梁启超先生主张前者。他希望列国在今后，当以世界主义为依归，不再永远固守国家主义，不再局限于狭隘的国家主义之下。世界主义虽不是不要国家，不是根本取消国家，但人类总不得永远以一国本身的利益来行动，总不得永远固守国家主义而不有突破。梁先生说"世界主义属于理想，国家主义属于事实；世界主义属于将来，国家主义属于现在"②表示梁先生"世界主义的国家"一观念，乃是以世界主义而迁就国家主义、以理想而迁就现实、以将来而迁就现在的产物。但迁就不意味着不努力，作为"世界上一个人"，我们"总要尽我们的努力，参加着缔造他，扶植他，发育他"，在"做中国国民"的同时，也"做世界公民"，在"爱国"的同时，也秉持"超国家的高尚理想"③。总之梁先生的世界主义，在暂时是不离国家主义的。

---

① 梁启超：《欧游心影录节录》，《饮冰室专集》之二十三，21页。
② 梁启超：《自由书·答客难》，《饮冰室合集》之二，39页。
③ 梁启超：《欧游心影录节录》，《饮冰室专集》之二十三，150页。

三、"大人"之"世界主义"视野的特征

中华文明自古及今，一直就有一个世界主义的传统。有破"国家中心论"的较低层次的世界主义，如梁启超、顾炎武；有破"区域中心论"的较高层次的世界主义，如先秦诸家；有破"人类中心论"的最高层次的世界主义，如张载、陆象山、康有为。世界主义的各种形态，在中华文明中是齐备的。故著者提出"中华文明有一个世界主义的传统"之观点，应该是可以成立的。

但反对的观点亦不是全无道理。至少有四个问题是著者必须回答的：第一，中国先人所说的"天下"，是否就等于世界；第二，中国先人既都主世界主义，为何还有王霸义利之辨；第三，中国先人既都主世界主义，为何还有华夷之辨；第四，在世界主义格局下，中国先人如何处理国家与世界、个人与世界之关系？

第一个问题涉及到"天下"、"大一统"等概念，即问：中国人的"天下主义"是世界主义吗？中国人的"大一统主义"是世界主义吗？按照常规的解释，先秦诸子所说的"天下"，其实只指周天子实际统治的区域以及

周天子已知但尚未统治的区域,这个区域的范围,其实是很有限的,基本上没有超出今天中国的范围。如此则先秦诸子的"天下主义",岂不就跟"国家主义"相同?此种说法著者以为是有相当根据的。但著者以为此种说法不尽全面,因为"天下"在中华文明中,除了是一个政治的概念以外,还是一个文化的与哲学的概念。

政治上的"天下",或许的确是指周天子统治的区域和其已知但尚未统治的区域;但文化上的"天下",却要超出这个范围之外;哲学上的"天下"更是超出人类,超出地球,而指向全宇宙。如《礼记》中有"天无二日,土无二王"之说法,就至少已经涉及整个太阳系,而不只是在地球或地球的某个区域。再如王子阳解释《春秋》"大一统"之观念,认为是"六合同风,九州共贯"(《汉书·王贡两龚鲍传》)。"九州"当然没有超出周天子之"天下"的范围,但"六合"恐怕就不能局限于此了。又如颜师古把《春秋》"大一统"解释为"一统者,万物之统皆归于一也",此处"万物"显然已经范围极广。董仲舒更把《春秋》"大一统"解释为"天地之常经,古今之通谊",空间上而为"天地",时间上而为"古今",显然更不是周天子的"天下"概念,早已超出"实指"的范围,而与现今所说的"世界"相当。先秦是如此,先秦之后更是如此。到了宋明时代,"天下"之概念完全已与"宇宙"相当,"天下主义"不仅已变成"世界主义",而且已变成"宇宙主义"了。

第二个问题涉及王霸义利之辨的实质,就是问:王霸义利之辨跟世界主义有关联吗?若有,又是一种什么样的关联呢?著者以为当然是有关联的,而且是肯定的关联,而不是否定的关联。著者在前文也已经说过,王霸义利之争不是世界主义与国家主义之争(梁启超先生曾认为是),而是世界主义之实现方法与途径之争。换言之,双方所争论的,不是要不要世界主义的问题,而是如何要、如何实现世界主义的问题。主流的观点是主张采用"和平"手段，这被称为"王道"，被称为"义"；与之相对的观点主张采用"武力"手段，这被称为"霸道"，被称为"利"；更有折衷论者如南宋陈亮，主张"和平"与"武力"并举，名曰"王霸并用，义利双行"。分层来看，"王道"、"义"是理论上所提倡的，居最上层；"霸道"、"利"是理论上所反对的，居最下层；"王霸并用，义利双行"则处中位，成为历代统治者"秘而不宣"的实际操作规程。理论上主"和平"，实际上行"武力"，这在中国政治史上被称为"阳儒阴法"。亦就是"阳王阴霸"、"阳义阴利"。

这是实际存在的情形。吾人此处可以暂时撇开实际的情形，而只谈理想，即只看中华文明历来所提倡者安在？中华文明历来所提倡者，可一言以蔽之，曰"和平"，确切言之，即倡导以"和平"手段来促成世界主义之实现。这和当今世界的潮流是相合的。《易传》有言："刚柔交错，天文也；文明以止，人文也。观乎天文以察时变，观乎人文以化成天下。"（《易传·彖上》）以"人文""化成天下"，就是中国先人所谓的"文化"；而所谓"文化"，实即是以"和平"手段来实现世界主义。西汉刘向《说苑·指武》又有"凡武之兴，为不服也。文化不改，然后加诛"之说法，表示刘向首先考虑的是"文化"，而不是"加诛"；"武力"手段在这里乃是不得已之举，是在"文化不改"之后的某种补救措施。中华文明历来是不主张"武力"的，但亦不主张放弃"武力"。这就是王霸义利之争最终所取得的结果。

第三个问题最具杀伤力，因为华夷之辨跟世界主义是直接相矛盾的。中华文明确曾有过"华夏中心论"的思想，认为华夏是"天朝上国"，是"声明文物之邦"，而周边之夷（包括东夷、西戎、南蛮、北狄）却被蔑称为"蕞尔小国"，为"蛮夷之邦"。《战国策·赵策二》有言："中国者，聪明睿知之所居也，万物财用之所聚也，贤圣之所教也，仁义之所施也，诗书礼乐之所用也，异敏技艺之所试也，远方之所观赴也，蛮夷之所义行也。"把天下一切的优点都集中到了"中国"头上，这就是本于"中国中心论"或"华夏中心论"而说的，跟《尚书·尧典》中的"外薄四海"之态度相同。按理从这种"中国中心论"或"华夏中心论"，是发展不出中华文明的世界主义传统的。但中国的"华夏中心论"却至少有三个特别的地方：一是不主张以种族或地域划分贵贱，二是不主张以武力统一或消灭"蛮夷之邦"，三是不排斥"华夷一家"的思维格局。这三条意义重大。中国的主流思想是不以血统、地域，而是以文化区分"天朝上国"与"蛮夷之邦"；换言之，"夷"之地位并非天生与固定，而是可以改变的，只要上到了一定的"文化"（古代主要指"礼义"）水准，就可以由"夷"变"华"。

这种看法跟希特勒之种族主义，是根本不同的，他是以种族、血统分贵贱；跟现在以区域分贵贱。如以东方西方、南方北方分贵贱之类主张，亦根本不同。此其一。其二，中华文明对于"蛮夷之邦"的态度历来是以"和"为主，而不是以"战"为主。《尚书·尧典》有"协和万邦"之说法，《周礼·秋官》有"掌蛮夷闽貉戎狄之国，……以和亲之"之说法，《论语·季氏》有"远人不服，则修文德以来之，既来之，则安之"之说法，等等。这些说法都是立于"和平主义"之立场，而主张对于"蛮夷之邦"采取宽容态度。由以上"文化主义"与"和平主义"两条的长期影响与作用，中华文明更发展出一种"华夷一家"观，有了突破"华夏中心论"的意思。唐太宗曾有"四夷可使如一家"之言，说："自古皆贵中华贱夷狄，朕独爱之如一。"（《资治通鉴》卷一百九十七、卷一百九十八）明代亦曾实施"内安诸夏，外托四夷，一视同仁，感期遂生"之反种族歧视政策。清代雍正帝亦曾在《大义觉迷录》中强调过"华夷无别"。尽管这些都只是史书的记载，未必真正推行过，但至少可以看出，中华文明有从华夷之辨、华贵夷贱、"华夏中心论"等思维格局中脱出，而走向"华夷如一"、"华夷一家"、"华夷无别"思维格局之苗头，换言之，即有了这样的种子。这类种子发芽生长，就可直接与世界主义相通。

梁启超先生在《中国历史上民族之研究》一文中，谈到过中华民族同化诸异族所用的八项程序，分别为：（一）以国际上平等交际形式与我族相接触时，不期而被同化；（二）征服，以政治力支配之，感化之，使其逐渐同化；（三）以政治上势力徙置我族于他族势力范围内，同化他族；（四）战胜他族后徙他族之民入居内地，使其同化；（五）以经济上之动机，我族自由播殖于他族之地，使他族同化；（六）他族征服我族，反变为文化上之被征服者；（七）他族之个人或部落以归降或其他原因被同化；（八）缘于通商流寓，及久遂被同化①。以上八项程序，只有二、四两项是属"武力"手段，其余均属"政治"手段或"和平"手段。可知中华民族之同化"蛮夷"，确是以"和平"的途径为主。这是有助于世界主义观念之产生的。故梁先生在《太古及三代载记》一文中又说："我国政治上最高之理想，治国之上，更有平天下。以今语言之，则我国所尊者，非国家主义而世界主义也。此理想盖发自远古，历数千年进行不息，而华夏民族所以大成而永存，则亦以此。"② 这是从民族研究的角度、从讨论华夷之辨的角度，所得出的结论。可知"华夏中心论"在中国历史上并没有妨害中华文明"世界主义"传统之产生。

第四个问题涉及世界主义与国家主义、世界主义与个人主义之关系，这问题若按西方的思维模式，几乎是无法回答的，因为讲世界主义而又不牺牲国家主义与个人主义，几乎是没有可能。但中国

---

① 梁启超：《中国历史上民族之研究》，《饮冰室专集》之四十二，32—33页。
② 梁启超：《太古及三代载记》，《饮冰室专集》之四十三，26页。

人有一种很特别的宇宙观,很容易就可把这个问题解决。中国人以为世界乃是一个"整体",人是一个小宇宙,宇宙是一个大的人。宇宙作为一个大的人,国家也好,个人也好,只不过是这个"大人"身上的某个器官,如耳目口鼻一般。耳司听,好像是只为人身全体而存在,其实也是为它自己;目司视,好像是只为人身全体而存在,其实也是为它自己;口鼻亦然。离开人身之耳,不再是耳;离开人身之目,不再是目;口鼻亦然。

以此举推国家与个人,则知为世界即是为国家、为世界即是为个人,为世界而牺牲即是为国家而牺牲、为世界而牺牲即是为个人而牺牲。如此一来则世界主义根本就不与国家主义、个人主义生冲突,倡导世界主义即是倡导国家主义,倡导世界主义亦即是倡导个人主义。这是中国"内在关系"式的宇宙观、"全息式"的宇宙观、整体主义的宇宙观,简言之,一种很特别的宇宙观所展示出的智慧。以此种智慧来成功处理整体与部分、集体与个人、世界与国家等关系,在西方固有思维格式中,是难以想象的。

以上是回答反对者可能提出的驳难。回答既毕,则著者自信依然可以坚持"中华文明有一个世界主义的传统"之观点。不惟可坚持此观点,著者以为更可从以上回答中,引申出中华文明之世界主义的四大特征,这就是:(一)中华文明之世界主义是宇宙主义的,(二)中华文明之世界主义是和平主义的,(三)中华文明之世界主义是文化主义的(即不以贫富、血统、区域分贵贱),(四)中华文明之世界主义是不反国家主义、个人主义的,换言之,是"全息主义"的。

四、"大人"之"世界主义"视野的现代价值

以全球伦理的构建为例。全球伦理发展至现阶段,主要提出了八大要求:一是"互依"之要求,二是"责任"之要求,三是"敬畏生命"之要求,四是"不隔"之要求,五是"知足"之要求,六是"万物一体"之要求,七是"循环发展"之要求,以及作为公共之基础的"世界主义"之要求。要求是一种愿望,一种理想;构建全球伦理,就是要把这些愿望和理想一一落到实处,变成可操作的行为规范。建立起这一座大厦,需要动用全人类的智慧资源,不管是东方的还是西方的,不管是宗教的还是世俗的。上文所谈中华文明中"大人"之"世界主义"视野,在此重大构建活动中,可能会有什么样的贡献呢?著者以为至少应有如下之贡献:

第一,可以对全球伦理之各项要求,提供全方位的支持。换言之,中华文明之世界主义与全球伦理是可兼容的,而不是相互排斥的。要做到这一点相当不容易,因为中华文明的"格式"非常古老,可以说是"编程"于五千年前;而全球伦理之"格式"却非常年轻,

可以说其"编程"还不足十年。这样相距五千年的两种"格式",竟然能兼容,难道你不认为是一种奇迹?!古老的中华文明,曾经在"山穷水尽"的时候,出人意料地闯入到电脑时代。现在它又以其世界主义,向全球伦理时代冲击;著者以为此番"闯关",完全有成功的可能。

因为全球伦理的几乎所有要求,都可以在中华文明之世界主义中找到支持。如"互依"之要求、"万物一体"之要求,中华文明之世界主义可以说讲得极为透彻,它把人与人之间、人与物之间、物与物之间等的相互依赖,强调到无以复加。再如"责任"之要求,中华文明有所谓"立命"之说法,以为人来此世是带有预定之使命的,人以一生之奋斗挣扎完成此预定之使命,就是"立命"。此预定之使命之内容如何?著者以为有很多,其中就包括对于世界之责任与义务;换言之,就包括个人在世界主义之实现中所应承担的职责与义务。这跟全球伦理的"责任"之要求,完全相符。其他如"知足"之要求,"敬畏生命"之要求,"循环发展"之要求等等,无一不可以与中华文明之世界主义兼容。

第二,可以纠全球伦理之所偏,帮助全球伦理获得平衡稳定的发展。确切言之,中华文明之世界主义的"文化主义"特质,可以弥补全球伦理受"经济主义"之影响所造成的偏差与缺陷。现在的全球伦理格局,是建立在经济全球化的基础之上的;可以说没有经济的全球化,人类就根本不会提出全球伦理的任务。这样提出来的全球伦理,自然逃不脱"经济主义"的影响:就是以经济发展的水准,作为全球伦理实现的标志。如"知足"之要求、"循环发展"之要求等,就是基于经济的立场提出来的;这些要求成为全球伦理可否实现的重要指标。再如《走向全球伦理宣言》所提到的"公正的经济秩序",就是鉴于全球贫富的巨大差异而发出的维护"贫者"之权益的呼声。在这里世界化就是富裕化，全球化就是富裕化，世界主义就是富裕主义。

这样的主张当然无可厚非，著者从根本上也完全赞同这样的世界主义与这样的全球化。但中华文明之世界主义的"文化主义"视角，却也是著者感兴趣并希望引起世人关注的。由这个视角去看世界主义与全球化，则世界主义就不是富裕主义，而是文化主义（即文化达到某一个水准）；世界化亦不是富裕化，而是文化化；全球化亦不是富裕化，而是文化化。文化的内容吾人在现时代可以重新规定（它在中华传统文明中主要是指"礼仪"，显然已不能适应现时代），故吾人完全可以不必因其内容的陈旧而全盘否定之。著者以为全球伦理所要求的世界主义，恐怕更多的是一种"文化主义"的世界主义，而不是"经济主义"的世界主义。在这一点上，中华文明之世界主义即使动摇不了全球伦理的"经济主义"背景，却也无疑开启了全球伦理的另一个研究视野，所以依然是有贡献的。穷人向富人看齐，大家都成富人，这是全球化的一种方式；低文化者向高文化者看齐，大家都成高文化者，这是全球化的另一种方式。全球伦理的构建，也可以有这两种方式。

第三，可以为全球伦理之实现，提供方法与途径。换言之，可以为人类寻找实现全球伦理的方法与途径，提供某一种的方向。现有的全球伦理的格局，经常提到"非暴力"、"团结"、"伙伴关系"、"尊重生命"等词汇，可知它是不主张采用"武力"方式来实现全球伦理与世界主义的。在这一点上，中华文明之世界主义的"和平主义"特质，可以从根本上作出贡献。中华文明倡导以"和平"方式实现世界主义，已历数千年，其"协和万邦"、"以和亲之"等口号，亦已流传数千年，即使从未真正实现过，至少也已积累相当的教训，可为今日实现世界主义与全球伦理之借鉴。在这方面，中华文明中可发掘之资源，相当丰富。

第四，可以提升全球伦理之视野，使全球伦理真正成为"普世伦理"或"普遍伦理"。换言之，中华文明之世界主义完全有能力把全球伦理之"全球"视野，提升到"宇宙"视野、"天下"视野。从现有的全球伦理之格局看，构建者的视野基本上还是"地球中心论"与"人类中心论"的，基本上还是以解决人与人的关系问题为主。停留在这一步，就目前情形看，当然已经足够；因为要走好这一步，走完这一步，恐怕都得要耗去几个世纪的光阴。但从理论上说，仅停留于这一步，却又是远远不够的。不突破"地球中心论"，不突破"人类中心论"，恐怕还是不可能从根本上解决人类所面临的问题；简言之，不解决人与物的关系问题，不解决物与物的关系问题，恐怕也不可能从根本上解决人与人的关系问题。要解决人类的问题，就不能以人类为中心；要解决人与人的关系问题，就不能以人与人的关系为中心。这不是在绕口令，而是中华文明之世界主义提供给人类的伟大智慧。中华文明之世界主义，根本上是"宇宙主义"的，是"天下主义"的，根本上是"无中心主义"的。它没有"地球中心论"，也没有"人类中心论"，它只知道"万物一体"，只知道"天下为一家，中国为一人"，只知道"吾心即宇宙，宇宙即吾心"。只知道要解决地球的问题，必须置身地球之外；要解决人类的问题，必须置身人类之外。西方的思维是头痛医头，脚痛医脚；中华文明的思维却是头痛医脚，脚痛医头。以西方这样的思维，恐怕是难以完全实现全球伦理；中华文明的思维，于是就有了作出贡献的余地。

前文已言，世界主义本可以分层，突破"国家中心论"者较低，突破"区域中心论"者较高，突破"人类中心论"者最高。全球伦理也是一样的，现在所构建的基本上是较低层次的全球伦理；这样的构建当然是不错的。但登高望远，有一个较高层次的世界主义视野，无疑会有助于较低层次的全球伦理的构建；有一个最高层次的世界主义视野，当然会更有助于较低层次的全球伦理的构建。中华文明之世界主义的"宇宙主义"视野，不仅突破了"国家中心论"，不仅突破了"区域中心论"，而且突破了"人类中心论"，而把自然万物、天地宇宙亦纳入到考虑问题的视野，将其作为"宇宙函数"的一个变量。这样的思维方式在其他文明体系中，是很少见的。以这样的思维方式，也许根本构建不成人类目前所需要的全球伦理；但人类在构建目前所需要的全球伦理的时候，却无论如何不要拒绝这样的思维方式的帮助。因为在将来，只要人类不灭亡，人类终有一天要走进这样的思维方式，终有一天要安身于"宇宙主义"的视野。

第七章

"大人"之"不隔主义"视野

"大人"以"不隔"铸其人格,"小人"以"隔"铸其人格。

王国维先生《人间词话》品评历代词作,"隔"与"不隔"是其最根本标准之一:"不隔"者为上品,"隔"者为下品,半"隔"半"不隔"者为中品。"不隔"者谓之有"境界","有境界则自成高格,自有名句"①;"不隔"者又谓之"无我之境","无我之境,以物观物,故不知何者为我,何者为物"②。《人间词话》第四十则、第四十一则,是专论"隔"与"不隔"的文字,其言曰:"问隔与不隔之别,曰:陶谢之诗不隔,延年则稍隔矣;东坡之诗不隔,山谷则稍隔矣。池塘生春草,空梁落燕泥等二句,妙处唯在不隔。"③

词方面,被王国维先生视为"不隔"的词作有欧阳公《少年游》咏春草上半阕"阑干十二独凭春,晴碧远连云。千里万里,二月三月,(此两句原倒置)行色苦愁人";白石《翠楼吟》"此地宜有词仙,拥素云黄鹤,与君游戏。玉梯凝望久,叹芳草,萋萋千里"等。而被王国维先生视为"隔"的词作有"谢家池上,江淹浦畔"句,有"酒祓清愁,花消英气"句等。王先生认为写情方面"不隔"的代表诗句有"生年不满百,常怀千岁忧,昼短苦夜长,何不秉烛游"、"服食求神仙,多为药所误,不如饮美酒,被服纨与素"等,写景方面"不隔"的代表诗句有"采菊东篱下,悠然见南山,山气日夕佳,飞鸟相与还"、"天似穹庐,

---

① 王国维:《人间词话》,《王国维文集》,第一卷,141页,北京,中国文史出版社,1997。
② 同上,142页。
③ 同上,150页。

笼盖四野,天苍苍,野茫茫,风吹草低见牛羊"①等。此处所谓"不隔",即情与景、人与物的"不隔";此处所谓"隔",亦即情与景、人与物的"隔"。故王国维先生有言曰:"诗人对宇宙人生,须入乎其内,又须出乎其外。入乎其内,故能写之;出乎其外,故能观之。入乎其内,故有生气;出乎其外,故有高致。"②此处所讲的就是内与外的"不隔"。

实际上,"不隔"正是中国文学艺术自古以来追求的最高境界。陶渊明的"采菊"诗所以被视为上品,千古传诵,正在于"我"在这首诗中,是不外于"东篱"、"南山"、"山气"、"飞鸟"等"万物"的,相反"我"与"万物"融为一体,难分彼此。同样,元人马致远的《天净沙》曲(或曰小令)之所以被视为有元一代词家的顶尖之作,亦正是因为"断肠人"是不外于"枯藤"、"老树"、"昏鸦"、"小桥"、"流水"、"平沙"、"古道"、"西风"、"瘦马"、"夕阳"等"万物"的,是与这些"万物"融为一体,不可分离的。总之中国第一流文学,"不是纯粹写景的山水文学、自然文学,也不是纯粹抒情的浪漫文学,而是融情于自然山水之中,情景交感的性情文学"③。纯粹写景,是"隔"了抒情;纯粹抒情,是"隔"了写景。纯粹写景,是"隔"了人;纯粹抒情,是"隔"了物。第一流的文学艺术作品,永远是情、景"不隔",人、物"不隔"的。

放眼观之,"不隔"不仅是中国文学艺术的最高原则之一,也是中国哲学、中国宗教、中国政治、中国法律等的最高原则之一。著者即把此种以"不隔"之思维方式去看待、理解天地万物的观点,称之为"不隔主义";"不隔"而能成为"主义",正在于"不隔"是可以通行于中国文化各领域、各层面的根本原则。

---

① 王国维:《人间词话》,见《王国维文集》,第1卷,151页,北京,中国文史出版社,1997。
② 同上,155页。
③ 韦政通:《中国文化概论》,五版,50页,台北,水牛出版社,1994。

一、人与人的"不隔"

"不隔主义"至少涉及三方面,一是人与人的"不隔",二是人与物的"不隔",三是物与物的"不隔"。强调此三种"不隔",正是中华文明所以区别于西洋文明、"大人"人格所以区别于"小人"人格的根本特征之一。

论述人与人的"不隔"最为系统的文字,要算是王阳明的《答顾东桥书》。该书论人与人之"隔"云:"天下之人心,其始亦非有异于圣人也,特其间于有我之私,隔于物欲之蔽,大者以小,通者以塞,人各有心,至有视其父子兄弟如仇雠者。"(《王文成公全书》卷二,《答顾东桥书》)有我之私谓之"间",物欲之蔽谓之"隔",有"隔"就是有"间隔",就是人与人之间的不能"相通"。这是"天下人之心"所达到的境界;至于"圣人之心",则另有一番完全不同的境界。

王阳明描写此种境界云:"夫圣人之心,以天地万物为一体,其视天下之人,无外内远近,凡有血气,皆其昆弟赤子之亲,莫不欲安全而教养之,以遂其万物一体之念。"(王阳明:《答顾东桥书》)"无外内远近",即无内外之别、无远近之别,其实就是"不隔"。可说"不隔"就是"圣人之心"的境界,一如"隔"或"间隔"是"天下之人心"的境界。此两种境界在阳明看来,又是可以相互转化的:圣人若是"间于有我之私,隔于物欲之蔽",则是自堕人格,自我沉沦于有"隔"之境;天下之人若是能"克其私,去其蔽",则又能上达圣境,一睹"不隔"之真容。"隔"与"不隔"其实就在一念之间。

王阳明又从"万物一体"或"有机体"的角度,论述人与人之间的"不隔"。他说:"盖其心学纯明,而有以全其万物一体之仁,故其精神流贯,志气通达,而无有乎人己之分,物我之间。"(王阳明:《答顾东桥书》)"无有乎人己之分",就是人与人之间的"不隔";"无有乎物我之间",讲的是人与物之间的"不隔"。他又说:"譬之一人之身,目视、耳听、手持、足行,以济一身之用。目不耻其无聪,而耳之所涉,目必营焉;足不耻其无执,而手之所探,足必前焉。盖其元气充周,血脉条畅,是以痒疴呼吸,感触神应,有不言而喻之妙。"(王阳明:《答顾东桥书》)

这里所表达的是王阳明个人的思想,同时又是全部中国思想的核心观念:人与人之间、人与物之间、物与物之间的关系,就是"一人之身"各器官、肢体之间的关系;目以视为职,但目不会私其视,而是始终为耳之帮助;足以行为职,但是亦不会私其行,而是始终为手之配合;反之亦然。在"有机体"中,各器官、肢体是独立的,同时却又是相互配合的,且配合得天衣无缝,"有不言而喻之妙"。天地万物就是同一"有机体"的器官、肢体,各司其职,各营其业,联手"以济一身之用"。这就是全部中国思想自古以来所追求的最高境界,所谓"复性",所谓"刻心",所谓"存理去欲"等,都是达此境界的某种方式。"以天地万物为一体"、"天地万物一体之仁"、"万物一体之仁"、"上下与天地同流"等说法,要表达的无非亦是此种"有机体"式的"不隔"境界。

从"道"的角度,也可以讲人与人之间的"不隔"。"道法自然","自然"就是"自己如此",从"道"的角度亦就是从"自己如此"的角度。从"自己如此"的角度说,人与人的"不隔"就表现为可以"以身观身,以家观家,以乡观乡,以邦观邦,以天下观天下"(《老子》第五十四章);如果人与人之间是有"隔"的,则以一身无以观他身、以一家无以观他家、以一乡无以观他乡、以一国无以观他国、以一天下无以观他天下。"以X观X",就是以X本来的样子看待X;X本来的样子是什么呢?就是"通",就是"不隔"。故老子接着又说"何以知天下然哉?以此"。何以知天下万物是"通"的、是"不隔"的?就因为身与身是"通"的、"不隔"的,家与家是"通"的、"不隔"的,乡与乡是"通"的、"不隔"的,国与国是"通"的、"不隔"的。

庄子亦讲"以道观之","以道观之",就是从"道"的角度去看。他说"以道观之,物无贵贱"(《庄子·秋水》),强调的虽是万物的平等,但平等是通向"不隔"的第一步。庄子又讲"以物观之,自贵而相贱",这是一种"隔";又讲"以俗观之,贵贱不在己",这也是一种"隔";再讲"以差观之,因其所大而大之,则万物莫不大;因其所小而小之,则万物莫不小",又是一种"隔";更讲"以功观之,因其所有而有之,则万物莫不有;因其所无而无之,则万物莫不无",还是一种"隔";又讲"以趣观之,因其所然而然之,则万物莫不然;因其所非而非之,则万物莫不非"(《庄子·秋水》),同样是一种"隔"。万物的贵贱、大小、有无、是非等,从"隔"的角度说,永远是相对的、不确定的;从"不隔"的角度说,却可以是绝对的、确定的。"不隔主义"并不像老、庄之"道"那样,完全否认贵贱、大小、有无、是非等之别;它可以否认,但却不必否认,因为即使万物之贵贱、大小、有无、是非等之别确实存在,亦并不妨碍"不隔"原则之通行。换言之,即使天下万物不平等,天下万物依然是可以"不隔"的。在中国思想系统中,道、释诸家追求的是平等的"不隔",而儒、法诸家追求的是不平等的"不隔"。

《荀子·解蔽》篇是从"不蔽"的角度,来谈"不隔"的。荀子列举的数种"蔽",如"欲为蔽,恶为蔽,始为蔽,终为蔽,远为蔽,近为蔽,博为蔽,浅为蔽,古为蔽,今为蔽"(《荀子·解蔽》)等,著者以为就是数种"隔",蔽于欲就是"隔"了无欲,蔽于恶就是"隔"了善,蔽于始就是"隔"了终,蔽于终就是隔了始,蔽于远就是"隔"了近,蔽于近就是"隔"了远,蔽于博就是"隔"了专,蔽于浅就是"隔"了深,蔽于古就是"隔"了今,蔽于今就是"隔"了古,如此等等。"凡万物异则莫不相为蔽",实即是"凡万物异则莫不相隔";"蔽"与"隔",乃是"心术之公患"。就人与人之间的关系言,《解蔽》篇以为夏桀是"蔽于末喜、斯观而不知关龙逢",是被末喜、斯观阻"隔"了;殷纣是"蔽于妲己、飞廉而不知微子启",是被妲己、飞廉阻"隔"了;唐鞅是"蔽于欲权而逐载子",是被"欲权"阻"隔"了;奚齐是"蔽于欲国而罪申生",是被"欲国"阻"隔"了;墨子是"蔽于用而不知文",宋子是"蔽于欲而不知得",慎子是"蔽于法而不知贤",申子是"蔽于势而不知知",惠子是"蔽于辞而不知实",庄子是"蔽于天而不知人"。

总之在人际关系上,既有"人君之蔽",又有"人臣之蔽",更有"宾孟之蔽";"宾孟之蔽"乱家,"人臣之蔽"乱国,"人君之蔽"乱天下。可知人与人之间的"隔"会导致很严重的后果,《解蔽》篇把此种严重后果称之为"蔽塞之祸";以之相对应的"不隔",会产生良好后果,《解蔽》篇则称之为"不蔽之福"。"蔽塞之祸"实即"隔之祸","不蔽之福"实即"不隔之福"。荀子的目标是"解蔽",即去除"蔽塞",打通人与人之间的"隔",故荀子有"天下无二道,圣人无两心"之言,又有"无欲无恶,无始无终,无近无远,无博无浅,无古无今,兼陈万物而中县衡焉,是故众异不得相蔽以乱其伦"(《荀子·解蔽》)之言,讲的都是"不隔"之状态,"无二道"、"无两心"、

"兼陈"、"不得相蔽"等语,都是指"不隔"而言。

从"理一分殊"的角度,亦可以讲人与人之间的"不隔"。"一理"而能发见于"众人",发见于"万物",这就是"不隔"。如王阳明讲"以此纯乎天理之心,发之事父便是孝,发之事君便是忠,发之交友治民便是信与仁"(王阳明:《传习录上》),就是从"理一分殊"的角度谈"不隔"的:事父、事君、交友、治民,处理的是不同的人际关系,施行的是不同的行为规范,如孝为事父之规范、忠为事君之规范、信为交友之规范、仁为治民之规范等等;但所有这些规范却都不是相互"间隔"的,换言之,都是"通"的、"不隔"的。"通"与"不隔"的基础就是"天理",而"天理"就是所谓"无私欲之蔽";把"无私欲之蔽"之天理运用于事父就是孝,运用于事君就是忠,运用于交友就是信,运用于治民就是仁,运用于天地万物就是"一体之仁"。如此人与人之间哪里还有"隔",人与物之间、物与物之间哪里还有"隔"?

王阳明又有"知天,如知州、知县之知,是自己分上事,己与天为一"(王阳明:《传习录上》)之言,讲的是同一个道理;又有"发见于事亲时就在事亲上学存此天理,发见于事君时就在事君上学存此天理,发见于处富贵贫贱时就在处富贵贫贱上学存此天理,发见于处患难夷狄时就在处患难夷狄上学存此天理"(王阳明:《传习录上》)之言,讲的亦是同一个道理;又如"天地圣人皆是一个,如何二得"(王阳明:《传习录下》)之言,亦是讲"不隔"的。王阳明在《答舒国用》书中又有"和融莹彻,充塞流行"一语,亦是讲由"理一分殊"而致"不隔"之理的。他说:"和融莹彻,充塞流行,动容周旋而中礼,从心所欲而不逾,斯乃所谓真洒落矣。是洒落生于天理之常存,天理常存生于戒慎恐惧之无间。"(《王文成公全书》卷五,《答舒国用》)"和融莹彻"就是"通",就是"不隔";而只要常以"天理"为念,事事处处、时时刻刻立于"天理"之上,就完全能够做到"通",做到"不隔"。

二、人与物的"不隔"

如果说在西方思想中还可以找到人与人之间"不隔"的观念,那么要到西方思想中去寻找人与物之间"不隔"的观念,就相当困难了。可以说西洋的近现代文明,完全是建立在人不同于物、人"隔"于物、人优先于物的观念之上的,这就是所谓"人本主义"的传统。"人本主义"以"人类中心论"为基础,"人类中心论"不可能承认人与物的"不隔",故"人本主义"与人、物"不隔"的观念,是不能相融的,换言之,即无法"兼容"。更何况西洋近现代"人类中心论"所说之"人类",还很难包括"欧美人"之外的其他人。

西方学者常常指责中国思想中没有"人本主义"或"人道主义",著者以为此种指责是对的,是有的放矢的。因为中国思想根本就不认为"人本主义"或"人道主义"是必需的,是正确的,中国思想自古以来就不认为人不同于物、人优先于物、人"隔"于物。中国人所谓"天下万物"之"物",是包含了"人"在其中的,"人"并是"物"之外的另一种存在。

庄子曾从人与天地万物之关系的角度，谈到人与物的"不隔"。他说："故通于天者，道也；顺于地者，德也；行于万物者，义也；上治人者，事也；能有所艺者，技也。技兼于事，事兼于义，义兼于德，德兼于道，道兼于天。"（《庄子·天地》）"通于天"、"顺于地""行于万物"，当然是指人而言的；人而能做到这一点，又不能不以人与"天地"、"万物"的"不隔"为前提。因为人与天地有"间隔"，人就不可能"通于天"、"顺于地"；人与万物有"间隔"，人亦不可能"行于万物"。庄子文中所谓"兼"，著者以为就是"不隔"的意思。"兼于事"就是"不隔"于事，"兼于义"就是"不隔"于义，"兼于德"就是"不隔"于德，"兼于道"就是"不隔"于道，"兼于天"就是"不隔"于天。

故庄子接下就有"通于一而万事毕，无心得而鬼神服"之言。庄子将死时有"吾以天地为棺椁，以日月为连璧，星辰为珠玑，万物为赍送"（《庄子·列御寇》）之言，著者以为讲的就是人与天地万物的"不隔"；庄子综论各家学说时有"独与天地精神往来，而不敖倪于万物"及"上与造物者游，而下与外死生、无终始者为友"（《庄子·天下》）之言，讲的当然也是人与天地万物的"不隔"。此外北宋张载的"民胞物与"之说，也是取上述的角度，如他说"故天地之塞，吾其体；天地之帅，吾其性。民吾同胞，物吾与也"（张载：《正蒙·乾称篇》），等等。

中国学者大多从人"与天地同理"的角度，去论述人与物的"不隔"。如荀子就有"君臣、父子、兄弟、夫妇，始则终，终则始，与天地同理，与万世同久，夫是之谓大本"（《荀子·王制》）之言，本来君臣、父子、兄弟、夫妇等所讲的，只是人与人之间的关系，荀子却认为此种关系是"与天地同理，与万世同久"的，换言之，他以为人与人的关系之"理"跟人与天地的关系之"理"相同；不仅同其义理，而且在时间上同其长久，都是"与万世同久"。人与人之关系与人与物之关系，既在空间上同其"理"，又在时间上同其"久"，它们之间当然是"通"的，是"不隔"的。基此方能理解荀子何以说"天地生君子，君子理天地"，何以说"君子者，天地之参也，万物之摠也"，何以说"无君子则天地不理，礼义无统"，又何以说"丧祭、朝聘、师旅，一也；贵贱、杀生、与夺，一也；君君、臣臣、父父、子子、兄兄、弟弟，一也；农农、士士、工工、商商，一也"（《荀子·王制》）。"一"就是指"一理"、"同理"。

王阳明亦曾从"一理"、"同理"的角度，谈人与万物的"不隔"，他说："夫在物为理，处物为义，在性为善，因所指而异其名，实皆吾之心也。"（《王文成公全书》卷四，《与王纯甫》）"理"、"义"、"善"名异而实同，这是人与万物所以"不隔"的根本基础。故王阳明所谓"心外无物，心外无事，心外无理，心外无义，心外无善"（《王文成公全书》卷四，《与王纯甫》），讲的就是一个人与万物的"不隔"；其所谓"精神道德言动，大率收敛为主，发散是不得已。天地人物皆然"（王阳明：《传习录上》），讲的亦是一个人与天地万物的"不隔"。总之在中国思想家看来，只要有了"一理"、"同理"、"皆然"的基础，人与天地万物之关系不可能不"通"，不可能有"隔"。

从人心"体验"、"体察"、"体会"天地万物的角度，也可以谈人与物的"不隔"。如张载之《正蒙·大心》就是从心"体天下之物"的角度谈"不隔"的，他说："大其心则能体天下之物，物有未体，则心为有外。"（《正蒙·大心》）"有外"就是有内外之别，亦就是有内外之"隔"；有"隔"的原因，在"物有未体"，若"能体天下之物"，也就把"隔"打通了。这就是从"体"的角度讲"不隔"，以"未体"为"隔"，以"能体"为"不隔"。张载区分"见闻之知"与"德性所知"，就是为此："见闻之知"属"有外之心"，故是狭隘的，有"隔"的；"德性所知"不萌于见闻，属无外之心，故是"不隔"的，

"其视天下，无一物非我"（《正蒙·大心》）。"无一物非我"就是无一物与我有"隔"。王阳明"夫物理不外于吾心，外吾心而求物理，无物理矣"（王阳明：《答顾东桥书》）之言，也是从"体"的角度谈"不隔"的，"外"就是"隔"，"不外"就是"不隔"。他又说"夫外心以求物理，是以有暗而不达之处"（王阳明：《答顾东桥书》），"暗而不达"不亦就是有"隔"嘛？

王阳明分析朱子的学说，也是以"隔"与"不隔"为根本之坐标：以"隔"释朱子，是对朱子的误解，王阳明称之为"是以吾心而求理于事事物物之中，析心与理而为二矣"；以"不隔"释朱子，是对朱子的正解，王阳明称之为"合心与理而为一，则凡区区前之所云，与朱子晚年之论，皆可以不言而喻矣"（王阳明：《答顾东桥书》）"析心与理而为二"是有"隔"，不合朱子精神；"合心与理而为一"是"不隔"，合乎朱子精神，且有"不言而喻"之妙。

朱子本人也确是从这个角度谈人与物的"不隔"的，他说："天地以此心普及万物，人得之遂为人之心，物得之遂为物之心，草木禽兽接著遂为草木禽兽之心，只是一个天地之心尔。"（《朱子语类》卷一，"理气"上）人与万物包括草木禽兽的"不隔"，就建立在共同"得""此心"之上，"此心"当然就是前文所说的"无私欲之蔽"的"大心"。朱子又谈到人与鬼神的"不隔"，说"但所祭者，其精神魂魄无不感通。盖本从一源中流出，初无间隔，虽天地山川鬼神亦然也"（《朱子语类》卷三，"鬼神"），也是从"心体"的角度谈"无间隔"的。

关于草木禽兽，王阳明也有类似的议论，且包含的范围更广，他说："人的良知，就是草木瓦石的良知。若草木瓦石无人的良知，不可以为草木瓦石矣。岂惟草木瓦石为然，天地无人的良知，亦不可为天地矣。盖天地万物与人原是一体，其发窍之最精处，是人心一点灵明。风、雨、露、雷、日、月、星、辰、禽、兽、草、木、山、川、土、石，与人原只一体。故五谷、禽兽之类，皆可以养人；药石之类，皆可以疗疾。只为同此一气，故能相通耳。"（王阳明：《传习录下》）此处不仅谈到人与草木禽兽的"不隔"，更论及人与瓦、石、风、雨、露、雷、日、月、星、辰、山、川、土等的"不隔"，"不隔"的基础是"人的良知"、"人心一点灵明"以及"同此一气"。此种说法当然跟"一理"、"同理"、"皆然"等的说法，有些区别。可知王阳明游南镇指"岩中花树"谓"此花不在你的心外"之说，既可从"一理"、"同理"、"皆然"的角度去理解，更可以从"心体"、"灵明"、"良知"的角度去理解。

中国思想家肯定人与物，包括人与草木瓦石、风雨露雷、日月星辰、禽兽草木、山川土石等的"不隔"，是不是就否定了人与物的区别呢？著者以为不然。中国思想家是承认人与物的区别的，但不像西方思想家那样，承认人与物有质的区别。如萨特讲人是"存在先于本质"，物是"本质先于存在"，讲的就是人与物的质的差别；这恐怕是多数西洋思想家共有的主张，都承认人可以自由选择自己的本质，而物和上帝就不能。中国思想家不然，中国思想家只承认人与物有量的差别，人是得气之"正且通者"，物是得气之"偏且塞者"，其在得气一点上相同，故不会有质的差别。如朱熹说："……以其理而言之，则万物一原，固无人物贵贱之殊。以其气而言之，则得其正且通者为人，得其偏且塞者为物，是以或贵或贱而有所不能齐……"（《朱子语类》卷四，"性理一"）此处明言就"理"而言，人与物无区别；讲其区别，是就"气"而言的，人得气之"正且通者"，物得气之"偏且塞者"。

朱子甚至认为人与物都可能"有所蔽塞"，只是人有"通"之可能性，而物无"通"之可能性。他说："谓如日月之光，若在露地，则尽见之。若在蔀屋之下，有所蔽塞，有见有不见。昏浊者，是气昏浊了，故自蔽塞，如在蔀屋之下。然在人，则蔽塞有可通之理。至于禽兽，亦是此性，只被他形体所拘，生得蔽隔之甚，无可通处。至于虎狼之仁、豺獭之祭、蜂蚁之义，却只通这些子，譬如一隙之光。至于猕猴，形状类人，便最灵于他物，只不会说话而已。到得蛮獠，便在人与禽兽之间，所以终难改。"(《朱子语类》卷四，"性理一")"亦是此性"一语，表示人与万物都已得"理"之全，故人与万物无区别；"有所蔽塞"一语，表示人与万物表现、表达、展示所得之"理"的能力有不同，人"有可通之处"，万物则"无可通处"，故人与万物有区别。朱子又说："人物之生，天赋之以此理，未尝不同，但人物之禀受自有异耳。如一江水，你将杓去取只得一杓，将碗去取只得一碗，至于一桶一缸，各自随器量不同。"(《朱子语类》卷四，"性理一")"器量"就是气之厚薄，气厚者器量大，气薄者器量小。器量小者得一杓一碗，器量大者得一桶一缸，各依"蔽塞"之程度而异。设人"可通"，是"不隔"，物"无可通"，是"隔"，则在"隔"与"不隔"之间，就有无穷"较隔"与"较不隔"的层级，如禽兽、虎狼、豺獭、蜂蚁、猕猴、蛮獠，等等。其"蔽塞"的程度有大有小，但其得"理之全"却是一样的：一杓是一全理，一碗是一全理，一桶一缸同样只是一全理，就如一滴海水可代表整个海洋一样。

总之中国思想讲人与物的"不隔"，并没有否定人与物的区别，只是不承认其有质的区别而已。这是中西思想不同之所在。以"自由"为例，西方思想认为人有自由，物无自由；而中国思想则认为人与物皆已得自由之全，只是人能全部表达之，而物只能部分表达之。"部分表达"不等于"部分拥有"，如"隐性基因"，虽只部分表达或不表达，但同样是"全部拥有"的。

三、物与物的"不隔"

西方思想中可以找到人与人"不隔"的观念,可以偶尔找到人与物"不隔"的观念,但却绝对找不到物与物"不隔"的观念。讲物与物的"不隔",正是中国思想最独特的地方。

道家喜从"一"的角度谈物与物的"不隔"。如老子就有"天得一以清,地得一以宁,神得一以灵,谷得一以生,万物得一以生,侯王得一以天下为正,其致之"(《老子》第三十九章)之言,天地万物在此以"得一"为公约数,在"得一"一点上相通,故它们不可能有"隔"。庄子亦有"自其异者视之,肝胆楚越也;自其同者视之,万物皆一也"(《庄子·德充符》)之言,其中"万物皆一"一语,著者以为就是讲的"万物不隔"。释"一"为"一模一样",不如释"一"为"不隔",后者也许更符合庄子原意:"楚越"就是有"间隔","皆一"就是无"间隔"。

北宋张载也有从"一"的角度谈万物"不隔"的文字,如其《正蒙》一书,就多次讲到"一"。其言曰:"有无虚实通为一物者,性也;不能为一,非尽性也。"(张载:《正蒙·乾称篇下》)这是就"人性"角度谈"一",说明人性本就是"不隔"的,如其有"隔",就是没有"尽性"。又曰:"有无一,内外合,此人心之所自来也。"(张载:《正蒙·乾称篇下》)天赋"人心"就有"一"有无、"合"内外之能力,就有"一"即"不隔"之能力。充分发挥此能力,就能"知其一",不充分发挥此能力,就只好"莫知其一",故张载又有"虽无穷,其实湛然;虽无数,其实一而已。阴阳之气,散则万殊,人莫知其一也;合则混然,人不见其殊也"(张载:《正蒙·乾称篇下》)之言。《正蒙·诚明》中"知性知天,则阴阳、鬼神皆吾分内尔"(张载:《正蒙·诚明》)一句,也是从上述角度谈物与物的"不隔"的。

从内、外关系的角度,亦可以谈物与物的"不隔"。如王阳明就多次论及"内外之说"。他说:"夫理无内外,性无内外,故学无内外。讲习讨论,未尝非内也;反观内省,未尝遗外也。"(《王文成公全书》卷二,《答罗整庵少宰书》)他讲"内外"的目的,是告诉人"无内外","无内外"就是"无内外之隔"。他分析了两种"有内外"的思想,一种是"谓学必资于外求",他以为这是"以己性为有外",是"义外",是"用智";一种是"谓反观内省为求之于内",他以为这是"以己性为有内",是"有我",是"自私"。这两种思想都是缘于不知"无内外"之理,他称之为"是皆不知性之无内外也"。他以为"性之德也,合内外之道也"(《王文成公全书》卷二,《答罗整庵少宰书》),人性本就是"合内外"的,而不是"别内外"的。故王阳明在洪都回答弟子"物自有内外"的问题时,又有下面的话:"功夫不离本体,本体原无内外。只为后来做功夫的分了内外,失其本体了。如今正要讲明功夫不要有内外,乃是本体功夫。"(王阳明:《传习录下》)这表示在王阳明的思想系统中,"无内外"是先于"有内外"的:"无内外"是本来的,谓之"本体";"有内外"是后来的、人为的,谓之"失其本体"。换言之,王阳明是认定"不隔"的状态先于"有隔"的状态,"不隔"

既有逻辑上的优先性，又有时间上的优先性。

从"有机体"的角度，亦可以谈物与物的"不隔"。王阳明"天地万物，本吾一体者也"（《王文成公全书》卷二，《答聂文蔚》）之言，其中的"体"就是"有机体"，指天地万物与"吾"同属一个"有机体"。既同属一个"有机体"，万物间当然就是"不隔"的。他的"公是非，同好恶，视人犹己，视国犹家，而以天地万物为一体"（《王文成公全书》卷二，《答聂文蔚》）之言，也是立足"有机体"谈"不隔"。"公是非"不是抹煞是非，而是"不隔"是非；"同好恶"不是不分好恶，而是"不隔"好恶；"视人犹己，视国犹家"的"犹"，亦只是所谓"不隔"而不是"等同"。王阳明在回答弟子"禽兽草木益远矣，而何谓之同体"一问题时，更是具体地阐明人与禽兽草木及禽兽草木之间如何同属一个"有机体"即"同体"。他说："你只在感应之几上看，岂但禽兽草木，虽天地也与我同体的，鬼神也与我同体的。"（王阳明：《传习录下》）又说："我的灵明离却天地鬼神万物，亦没有我的灵明。如此，便是一气流通的，如何与他间隔得！"（王阳明：《传习录下》）王阳明《与黄勉之》书中，又有"仁人之心，以天地万物为一体，䜣合和畅，原无间隔"（《王文成公全书》卷五，《与黄勉之》）一语，亦是立足"有机体"谈物与物的"无间隔"。

康有为《大同书》就是以万物"不隔"为其理论基调的，"大同"的根本含义之一，就是"不隔"。该书甲部"入世界观众苦"之"绪言"云："吾既有身，则与并身之所通气于天、通质于地、通息于人者，其能绝乎，其不能绝乎？"（康有为：《大同书·甲部》）"绝"就是"隔"，康氏问的是天、地、人能"隔"还是不能"隔"？他的答案是不能"隔"。若说能"隔"，就如说"抽刀可断水"，根本是不可能的。故他说："……其不能绝也，则如气之塞于空而无不有也，如电之行于气而无不通也，如水之周于地而无不贯也，如脉之周于身而无不澈也。"（康有为：《大同书·甲部》）万物的"不隔"，就如气塞空、电行气、水周地、脉周身，如若有"隔"，则只能导致山崩、身死、地散、灭绝、野蛮，等等。康氏又述万物的"不隔"云："其进化耶，则相与共进，退化则相与共退，其乐耶相与共其乐，其苦耶相与共其苦，诚如电之无不相通矣，如气之无不相周矣。乃至大地之生番野人，草木介鱼，昆虫鸟兽，凡胎生、湿生、卵生、化生之万形千汇，亦皆与我耳目相接，魂知相通，爱磁相摄……"（康有为：《大同书·甲部》）"万形千汇""无不相通"，亦就是天地万物"无不相通"。

谭嗣同的《仁学》同样是以"不隔"为根本立足点的。他说"仁以通为第一义"（谭嗣同：《仁学·仁学界说》），就是表示"仁"的最根本特性是"通"，是"不隔"，以太、电、心力等都只是"所以通之具"，即完成"不隔"的工具。谭氏又认"通"有四义；一曰"中外通"，多取义《春秋》，以太平世远近大小若一故；二曰"上下通"，多取义《易》；三曰"男女内外通"，亦多取义《易》，以阳下阴吉，阴下阳吝，泰否之类故；四曰"人我通"，多取义佛经，以"无人相，无我相"故（谭嗣同：《仁学·仁学界说》）。四种"通"就是四种"不隔"，包括物与物的"不隔"。

谭氏又有"通之象为平等"（谭嗣同：《仁学·仁学界说》）一语，可知谭氏追求的是平等式的"不隔"，而不是儒、法诸家所追求的不平等式的"不隔"。谭氏书中有"天地间亦仁而已矣"（谭嗣同：《仁学·仁学一》）一语，似不好理解。其实若将"仁"界定为"通"或"不隔"，就是很好理解的："天地间亦仁而已矣"讲的就是"天地万物惟不隔而已矣"。"不隔"是无可怀疑的，只存在知与不知的问题，不存在有与没有的问题。故谭氏说："牵一发而全身为动，生人知之，死人不知也。伤一指而终日不适，血脉贯通者知之，痿痹麻木者不知也。吾不能通天地万物人我为一身，即莫测能通者之所知，而诧以为奇，其实言通至于一身,无有不知者,至无奇也。"(谭嗣同:《仁学·仁学一》)知,万物是"不隔"的;不知,万物亦是"不隔"的;万物的"不隔"只对不知者是"奇"的,对于知者则"无奇"可言。

总之若说康有为是从"大同"的角度谈物与物的"不隔",则谭嗣同就是从"通"的角度谈物与物的"不隔"。

四、"心"与"不隔主义"之视野

人与人的"不隔"、人与物的"不隔"以及物与物的"不隔",合而言之天地万物的"不隔",就是中华文明的"不隔主义"所包含的主要内容。就"理"上说,天地万物是"通"的、"不隔"的、无差别的;但就"气"上说,天地万物又只是"较通"或"较不通"、"较隔"或"较不隔"的,是有差别的。"气"就是"器量",就是表达所得之"全理"的能力,气有厚薄,故表达之能力有大小。有能完全表达者,有能部分表达者,有几乎不能表达者(中国思想似不承认有完全不能表达者);能完全表达就能完全"不隔",能部分表达就能部分"不隔",几乎不能表达就已滑向"隔"的边缘。

现在的问题是:什么东西决定了气之厚薄?什么东西决定了表达能力之大小?中国思想家的回答是:"心"或"灵明"决定了气之厚薄,"心"或"灵明"决定了表达"全理"能力之大小。

由此可知"心学"与"理学"的冲突,并不是根本性的:理学家要谈"心",心学家也要谈"理";理学家谈"心"旨在强调"心"打通一理与万有,心学家谈"理"旨在强调"心"所打通者只是"理"而不是质或任何别的东西;心学与理学是相辅相成,不可分割的。对中华文明的"不隔主义"而言,"心"是绝对必要的,因为正是此"心"才使得一理化为万有,正是此"心"才使得人伦、物则、天理的隔阂被打通;没有此"心",人伦、物则、天理就不可能是一理。西方思想没有此"心",故西方思想绝不承认人伦、物则、天理就是一理。

于是"打通"便成为"心"的根本作用、根本职志,"心"而能"打通",就是"大心",就是"天心",就是"圣心",就是冯友兰先生所不承认、所否定的"宇宙底心"。基此无论是程朱还是陆王,都是从"通"或"打通"一方面去谈"心"的。如朱子在"发明心学"的时候就说:"一言以蔽之,曰:生而已。……必须兼广大流行底意看,又须兼生意看。且如程先生言'仁者天地生物之心',只天地便广大,生物便流行,生生不穷。"(《朱子语类》卷五,"性理"二,)此处"广大流行底意"、"生意"等说法,都是指"通"或"打通"而言。朱子又有"虚灵自是心之本体,非我所能虚也"之言及"若心之虚灵,何尝有物"(《朱子语类》卷五,"性理"二,)之言,认定"虚灵"之功能是"心"本来就有的,而不是后来添加的。朱子又用"虚明洞彻"、"感而遂通"等词描绘"心",说"唯心乃虚明洞彻,统前后而为言耳",又说"据性上说寂然不动处是心亦得,据情上说感而遂通处是心亦得"(《朱子语类》卷五,"性理"二,)。朱子还有"心之全体,湛然虚明,万理具足"(《朱子语类》卷五,"性理"二,)等语,都是在从不同的角度、不同的层面强调,"心"的功用没有别的,就是在把部分与全体打通,把自己与宇宙打通。换言之,把人与人、人与物、物与物之隔阂全数打通,而成一"和融莹彻,充塞流行"之世界。基此,"心"必须虚,虚则不隔;必须明,明则乃透;虚而能明,而能透,就是"灵"。

王阳明更是直接把"心"界定为"灵明"。学生问他:"你看这个天地中间,甚么是天地的心?"他回答说:"尝闻人是天地的心。"又问:"人又甚么教做心?"他答曰:"只是一个灵明。"并强调"充天塞地中间,只有这个灵明"。并由此具体分析了"灵明"与天地万物的关系:"我的灵明,便是天地鬼神的主宰。天没有我的灵明,谁去仰他高?地没有我的灵明,谁去俯他深?鬼神没有我的灵明,谁去辩他吉凶灾祥?天地鬼神万物离却我的灵明,便没有天地鬼神万物了。我的灵明离却天地鬼神万物,亦没有我的灵明。"(王阳明:《传习录下》)千万不可把这段话的"没有"理解为"消灭"、"消失"等,以为王阳明是主张天地鬼神万物离"灵明"便不存在、"灵明"离天地鬼神万物亦不存在。王阳明在这里的意思,决不是"存在论"上的,而只是"关系论"上的。就是说,王阳明所肯定的只是天地鬼神万物与"灵明"的"隔"与"不隔"的关系,其"没有"二字只是指"隔"而言,就是肯定天地鬼神万物离了"灵明"便只能沦入"间隔"一境,"灵明"离了天地鬼神万物也只能沦入"间隔"一境,故王阳明特别用"如此,便是一气流通的,如何与他间隔得"(王阳明:《传习录下》)一句话作结。

"没有"只是指"间隔"而言。"心"于王阳明而言,只是一个"灵明";有了这个"灵明",方才有"通"或"打通"。在他的理论系统中,宇宙是整个儿的有机体,人生其中只是其一部分,"心"之功用就在于把"小我"之部分与"大我"之全体打通。所以只可把其"你看此花时此花分明起来"一句话解释为"此花与你心不隔或共现(compresence)",而不可解释为"此花存在于你心中"。王阳明还引用黄勉之书中的"彻动彻静、彻昼彻夜、彻古彻今、彻生彻死"以及"亭亭当当,灵灵明明,触而应,感而通,无所不照,无所不觉,无所不达,千圣同途,万贤合辙"(《王文成公全书》卷五,《与黄勉之》)

等语来描绘"良知",并说"人心本体原是明莹无滞的"、"渣滓去得尽时,本体亦明尽了"、"须胸中渣滓浑化,不使有毫发沾带,始得"、"人己内外,一齐俱透了"、"自无许多障碍遮隔处"、"常常是感而遂通的"（王阳明:《传习录下》），如此等等,都是在用"通"或"打通"去描述"心"。所谓"良心",亦不过就是"能通的心"或"能打通万有的心"。

总之程朱理学把"心"的功用界定为打通与散透,重在说明正是"心"打通了一理与万有;陆王心学把"心"的功用界定为打通与散透,重在说明"心"所打通、散透的正是"理",亦只是"理"。一理要发为万有,必须有"心";"心"要打通与散透,必须有"理"。心即理也,理即心也,心与理是不可或缺的。这就是"心"与中华文明之"不隔主义"的关系,亦即心学、理学与中华文明之"不隔主义"的关系。

五、"大人"之"不隔主义"视野的现代价值

又以全球伦理的构建为例,分析"大人"之"不隔主义"视野之现代价值。

宗教界提出全球伦理(the Universal Ethics)的问题,还只有十几年的时间;正式探讨全球伦理的构建问题,则时间更短。可知全球伦理目前还没有"定案",其基本格局目前尚在构建中。可以说地球上现存的任何一种文明体系,都不可能单独完成构建全球伦理的任务,因为每一种文明其实都只是"一偏之见",只有把尽可能多的"一偏之见"综合起来,才有可能达到真理之全体。在全球伦理的构建中,西方文明可有较大之贡献,中华文明、印度文明、伊斯兰文明等,同样可有很大之贡献。尽管全球伦理的问题,是由西方文明提出的,但著者可断言,若撇开中华文明、印度文明、伊斯兰文明等其他文明体系,西方文明不可能单独完成构建全球伦理的任务。

1993年8月24日至9月4日世界宗教议会第二届大会在美国芝加哥通过的《走向全球伦理宣言》,是目前

在全球伦理的构建方面所达到的最重要成果。这个成果不是西方文明或基督教文明单方面的贡献，而是各种文明体系（包括犹太教、伊斯兰教、印度教、儒教等）共同商讨取得的。这一成果的取得，已经展示出各文明体系精诚合作的重要性。

中华文明可以贡献于全球伦理的地方，有很多，如不追问现象背后之本体的现象主义、反对直线进化或直线退化的循环主义、不设定宇宙末日的无限主义、从人伦推演出物则和天理的人文主义、主张整体大于部分之和的整体主义、主张一即一切及一切即一的全息主义、强调天下情怀的世界主义以及主张天地万物通体相关的有机主义等，都可以成为构建全球伦理之砖瓦。此处所谈的"不隔主义"，也是中华文明可贡献于全球伦理的重要观念之一。就"不隔主义"而言，著者以为它对全球伦理之构建，至少可有四项贡献：

第一，"不隔主义"完全支持全球伦理构建方面已经取得的成果。换言之，"不隔主义"与已有的全球伦理原则是完全"兼容"的。《走向全球伦理宣言》的"全球伦理原则"部分，认为全球各宗教间目前已达成的"基本共识"主要有四项：（一）全新的全球伦理，即全新的全球秩序；（二）人皆应得人道之待遇乃是基本之要求；（三）非暴力与尊重生命的文化、团结的文化、公正的经济秩序、宽容的文化、诚信的生活、男女之间权利平等与伙伴关系的文化，乃是不可取消之原则；（四）转变个人意识与集体意识，唤醒人类之灵性力量，转变人心，准备为构建共同的全球伦理而献身，而承担风险，而作出牺牲。以上四点"基本共识"，不管是人道之待遇也好，非暴力、尊重生命也好，还是公正、宽容、诚信、平等也好，若是不立足于人与人的不隔、人与物的不隔，甚至物与物的不隔，是很难实现的。中华文明的"不隔主义"不仅完全支持以上四点"基本共识"，而且更是此"基本共识"得以实现的前提。

中华文明的"不隔主义"同样支持德国基督教神学家、全球伦理的"始作俑者"孔汉思（Hans Kung）先生提出的所谓"两项原则"（"人其人"、"己所不欲，勿施于人"）、"四条规则"（"不可杀人"、"不可盗窃"、"不可撒谎"、"不可奸淫"），因为这"两项原则"、"四条规则"，按北京大学何怀宏教授的解释，无非传达了如下信息：（一）强调人类相互依存，每个人的发展都有赖于他人和整体；（二）个人对于其所做一切负有不可推卸之个人责任，故人当慎重抉择与行动；（三）人当敬重生命之尊严，敬重文化与生活之独特性与多样性，俾使人人皆得符合人性之对待；（四）人当相互理解，彼此敞开心怀，在和平之交流中，而不是在暴力与伤害中，消弭彼此之种种狭隘分歧，团结一致解决共同面临的问题。① 第一是"互依"，第二是"责任"，第三是"敬畏生命"，第四是"理解"与"交流"，没有哪一项可以"隔离主义"为基础，没有哪一项不是"不隔主义"所要求的。

第二，"不隔主义"可以大大推进全球伦理的构建。换言之，完全可以通过"不隔主义"引申出新的全球伦理的观念。如果说目前在构建全球伦理的过程中，人们侧重的是人与人的不隔，则随着全球伦理构建的深入，人与物的不隔、物与物的不隔必定会提上议事日程，成为全球伦理的一项重要议题。而这正是中华文明的独特之处。强调人与物的不隔，尤其是物与物的不隔，是西方文明不太重视或很不重视的"新思维"，中华文明正可于此有功于全球伦理的构建。

全球伦理要求开拓人与物、物与物之间关系的新视野，但纵观西方文明，这样的新视野于其中似很难找到。从一定的意义上讲，西方文明是以强调人与物的"隔离"，尤其物与物的"隔离"为特

---

① 何怀宏：《伦理学是什么》，200—214 页，北京，北京大学出版社，2002 年。

征的,西方文明的全体似主要是建立在"人别于物且人优于物"的设定之上。设定的结果是人与物被"隔离"成两个世界——"人的世界"与"物的世界",这两个世界不仅是不同的,而且是打不通的。于是西方思想史上有所谓天堂与人间的"隔离"、至善与较善的"隔离"、物自体或本体与现象的"隔离",甚至有所谓知识与意见的"隔离"、"发现与发明的'隔离'"、直觉与理智的"隔离"、形而上学与科学的"隔离"、分析命题与综合命题的"隔离"、逻辑真理与事实真理的"隔离"等,所有这些"隔离"都跟西方文明的根本思维方式"兼容"。故要从这样的思维方式引申出全球伦理所要求的人与物、物与物之间关系的新视野,几乎是不可能的,至少是相当困难的。

那么在人与物、物与物之间关系方面,全球伦理要求一种什么样的新视野呢?据《新的全球伦理观要点》一文的看法,至少有如下四维新视野:(一)渴望发展一种世界意识,使每个人都认识到自己是世界大家庭中的一员。人类合作之基本单元,生存之基本单元,须从国家一级移向全球。如德国公民当视热带非洲之饥荒如同发生在巴伐利亚,同样与其休戚相关,令人不安。(二)渴望发展一种合理使用物质资源的道德以及与正在到来的匮乏时代相适应的生活方式。须改变那种以追求最大限度生产量为目标的生产制度,发展出最低限度地使用资源的新的生产技术,生产寿命长的产品而非一次性产品。人不当再以花钱与弃旧为荣,而当以节约与积蓄为荣。(三)渴望发展一种对自然的新态度,即生态伦理学的态度,其基础是人与自然协调,而不是人征服自然。把"人类是自然界不可分割的一部分"之理论,变成可操作的具体实践。(四)渴望发展一种与后代休戚与共的感觉,准备牺牲自己之利益以换取后代之利益。每一代人均不当只顾追求自己一代之最大享受,均当以"可持续发展"或"可

---

① 杨萍、兮之:《新的全球伦理观要点》,载《森林与人类》,1996(1),1页。

久可大"、"悠久成物"、"天长地久"等等为念①。以上四条,第一是强调人与人的"不隔",第二是强调人与物的"不隔",第三是强调人与物的"不隔",第四又是强调人与人的"不隔"。第一条可说是强调"互依",第二条可说是强调"知足",第三条可说是强调"万物一体",第四条可说是强调"循环发展"。每一条都无不与"不隔主义"密切相关。可以说此处列举的"新的全球伦理观要点",基本不属于西方文明体系;换言之,基本上只能从中华文明体系,包括其"不隔主义"中引申出来。这恐怕正是中华文明之重要贡献所在。

第三,"不隔主义"可以为全球伦理的构建,创设"无中心主义"的平台。全球伦理有一项极重要的要求,就是"世界主义"之要求,而"世界主义"乃是一种"无中心主义"。换言之,全球伦理自始就有"无中心主义"之要求,它不仅要反对"个人中心主义"、"集团中心主义",而且要反对"国家中心主义"、"民族中心主义",甚至反对"人类中心主义"、"地球中心主义"等,总之它自始即以"反中心主义"或"无中心主义"为根本诉求之一。这意味着要成功地构建全球伦理,必须首先打破"西方中心论",因为在现时代,"西方中心论"恐怕已成为构建全球伦理的最大障碍。

问题的可怕恐怕还不在西方人固持"西方中心论"的观念,问题的可怕在于,当西方人渐趋放弃"西方中心论"的时候,中国人自己却跌入"西方中心论"的泥潭而不自觉。可以说当几千年的"中国中心论"在清末被西洋的坚船利炮打碎以后,"西方中心论"就成了几乎所有中国人(甚至所有东方人)的"集体无意识"。直到现在,一谈到全球伦理,很多人就会不自觉地站到"西方中心论"的立场上,西方人是如此,中国人更是如此。

要打破此种思维定势，著者以为可以从中华文明体系中寻找资源。如中华文明的"不隔主义"，就是反对仟何"中心论"的，因为一有"中心"就有"隔"，"不隔"的关键是"无中心"。

首先，从中华文明的"不隔主义"去看，"人类中心论"是不能成立的，因为人不过是万物中之一物。"人类中心"可以是相对于"地外文明"而言的，也可以是相对于"物"而言的。相对于"地外文明"，以为人类所创造的"地球文明"是惟一的、最高的；相对于"物"，以为人在地球上可以主宰一切、创造一切。前者自傲于他种生命，后者自傲于天地万物，在"不隔主义"看来，它们都是极危险的观念。

其次，从中华文明的"不隔主义"去看，"种族中心论"是不能成立的，因为每一种族都不可能自外于其他种族而独存。"种族中心论"在中国表现为"中国中心论"，在西方表现为"欧洲中心论"或"西方中心论"，各种族、各民族潜意识里，恐怕都免不了有此种"自我中心"的观念。"中国中心论"在相当长的时期里，曾经是中国人看待世界的基本方式与基础心态，以为中国是世界的中心，中国是下天惟一的文明之地或文明之都；继之而起的"欧洲中心论"，是直到如今还有很强生命力的强力观念，以为欧洲是世界的中心，是天下惟一的文明之都，中国和其他文明不过是"边缘人"，既不文明，亦无尊严。前者是中国自"隔"于世界，后者是欧洲自"隔"于天下。在"不隔主义"看来，它们都是极危险的观念。

再次，从中华文明的"不隔主义"去看，"高低优劣论"亦是不能成立的，因为文明只有时代适应问题，本无高低优劣之分。中华文明曾有自己的辉煌，因为它能适应那时代，农业文明的时代；近代以来它衰落了，因为它不能适应这时代，工业文明的时代。西方文明亦然，它现在是工业文明时代的主人，但到了后工业文明时代、后后工业文明时代，它就未必还做得成主人。总之不同的文明间，是很难区分"高低优劣"的,除非立足于"隔离主义"的立场。

最后,从中华文明的"不隔主义"去看,"文明冲突论"亦是不能成立的,因为文明的多样性是任一文明得以存在的前提。文明一如物种,单一物种不可能生存,单一文明亦不可能持续;物种需要多样性,需要丰富多彩,文明亦需要多样性,需要丰富多彩;多样性是生物"天长地久"之基础,多样性亦是文明"可久可大"之根本依赖。"文明冲突论"却以为某一种文明是对另一种文明之威胁,因而千方百计要限制威胁者的发展与生存空间。中华文明之"不隔主义"却自始即把重心放在"并存"上,而非"冲突"上,强调"天地与我并生,万物与我为一"、"道并行而不相悖"的视野与襟怀。在这样的襟怀下,没有任何一种文明是"理应"被毁灭的。冲突总是存在的,但冲突只是暂时的,是变态;永存天地间,能成为常态的,在中华文明看来,只有"和解"与"并存"。

正如冯友兰先生(1895—1990)所说的,"仇必仇到底"不是中国文化的真精神;中华文明是推崇"仇必和而解"的。如三百多年前王夫之(1619—1692)就说:"天下有截然分析而必相对待之物乎?求之于天地,无有此也;求之于万物,无有此也;反而求之于心,抑未谂其必然也。"(王夫之:《周易外传》卷七,《说卦传》)张载亦说:"有像斯有对,对必反其为,有反斯有仇,仇必和而解。"(张载:《正蒙·太和》)总之中华文明的"不隔主义",是与"文明冲突论"根本不"兼容"的。

第四,"不隔主义"可以为全球伦理妥善处理人际关系、人与自然的关系开辟新的途径或新的领域。全球伦理首先要解决的问题,当然是民族与民族、国家与国家、文明与文明之间的关系问题,简言之,是人际关系问题。但人际关问题的解决,很大程度上又取决于人与自然关系问题的解决。可以说,没有一种正常的人与自然的关系,就不可能有正常而妥当的人际关系。而这正是中华文明的"不隔主义"长期以来所强调的"新思维"。中华文明在此处可以为全球伦理妥善处理人际关系及人与自然的关系开辟一条崭新的途径：认定人与人的关系、人与物的关系、物与物的关系，其实就是同一种关系；人伦、物则与天理，其实就是一理。这就是中华文明的"不隔主义"所倡导的"一理说"、"共理说"、"同理说"、"皆然说"，等等。虽然这些说法都是不科学的，但正是因为其不科学，所以才有可能解决科学所不能解决的问题。

"一理说"或"同理说"等等，运用于全球伦理，实际就是孔汉思"己所不欲，勿施于人"之原则的另一种表达：不把自己不认同之"理"加诸他人身上；推而广之，不把自己不认同之"理"加诸天地万物、加诸自然身上；若反其道而行之，加自己不认同之"理"于他人、于自然，就是对"同理说"的违反、对"一理说"的背叛。同样，"一理说"或"同理说"运用于全球伦理，亦是孔汉思另一原则——"人其人"——的另一种表达：以自己认同之"理"加诸他人；推而广之，以自己认同之"理"加诸天地万物、加诸自然；若反其道而行人，不以自己认同之"理"加诸他人、加诸自然，就不是"人其人"，而是"物其人"或"兽其人"或"X其人"。孔汉思的原则只讲到了"人伦"，即以同样之"理"推及所有人际关系；中华文明的"不隔主义"则既讲到了"人伦"，亦讲到了"物则"和"天理"，即主张以同样之"理"推及一切关系，包括人际关系、人物关系、物物关系，等等。

这后一段落完全是中华文明的"不隔主义"新开辟的，是目前所有全球伦理的成果未尝论及的。全球伦理固然主要是全球人类的伦理，但其基本原则如平等、公正、宽容等，在中华文明之"不隔主义"看来，应该是也必须是可以推及全球其他生命形式与非生命形式的。换言之，全球伦理既是全球人类之伦理，又应是亦必是全球其他生命形式与非生命形式之伦理。这看上去有些不可思议，但究其"理"，却是可通的。

除"一理说"或"同理说"外，中华文明之"不隔主义"的"有机体说"，也可以为全球伦理妥善处理人际关系、人与自然的关系开辟新途径。试想想，当我们把整个地球视为一个"有机体"的时候，人还有与他人分离的感觉吗？人还有与自然分离的感觉吗？河流的被污染，就是污染你自己的血管，他人的被污辱，就是污辱你自己身体的一部分，有了这样的感觉，才能真切体会中华文明"万物一体"观念对于构建全球伦理的重要性。中华文明所说的"体"就是"有机体"，所说的"用"就是此有机体的"功用"；"万物一体"就是视天地万物为一活的"有机体"，而不是科学所认定的无生命的自然。这样的思维方式，是可以为全球伦理的构建，开辟崭新的领域的。

总之中华文明的"不隔主义"，完全有资格成为全球伦理中"最低限度的共识"；完全有资格成为构建全球伦理的重要思想资源；完全有资格直接成为全球伦理的最根本原则之一。

第八章

"大人"之"现象主义"视野

"大人"以"大视野"看宇宙，宇宙是现象主义的；"小人"以"小视野"看宇宙，宇宙是本质主义的。

根据"大人"之"大视野"，吾人有必要对中国传统宇宙观重新定性如下：中国传统宇宙观是现象主义的宇宙观，因而是反本体论的宇宙观；是循环主义的宇宙观，因而是既反进化论又反退化论，亦即反直线论的宇宙观；是无限主义的宇宙观，因而是反有限论、反末日论的宇宙观；是道德主义或价值主义的宇宙观，因而是反机械主义的宇宙观；是人文主义的宇宙观，因而是反自然主义的宇宙观；是整体主义或全息主义的宇宙观，因而是反原子主义、反分析主义的宇宙观。此种现象主义、循环主义、无限主义、道德主义、人文主义、整体主义、职能主义、内在主义、全息主义、一元主义的宇宙观，就是中国文化之真正"道统"。

一、目前已知的几种说法

中国现代哲学家张东荪（1886—1973）先生，曾有论述中国传统宇宙观之高论，很可能确已见到中国文化之深层，触到中国文化之核心，号准中国文化之脉搏。可惜至今无人关注①。其高论很可以拿来描绘"大人"之现象主义"大视野"；著者从相关观点引申出的几点个人看法，亦可以拿来描绘"大人"之现象主义"大视野"。

张东荪论述中国传统宇宙观的高论，综合起来大致有如下几项：

第一，中国传统宇宙观是"职司主义"的或"职能主义"的宇宙观。天地万物各有其"职司"或"职能"，并以完成此"职司"或"职能"为各自之使命。离开此"职司"或"职能"，天地万物并无自性，亦无存在之理由。

第二，中国传统宇宙观是"内在的"或"内存关系式"的宇宙观。天地万物互依互靠，互致影响于对方，

---

① 著者有《评张东荪论中国传统宇宙观》一文，刊于《哲学研究》2003年第4期，是目前仅见的宣传文字。

牵一发而动全身。宇宙是一个有机体,宇宙各部分通体相关;其相关性或至为明显,或隐而不彰,但无一不相互关联。犹如牛顿(I. Newton,1643—1727)之"万有引力",天地万物均无处可逃。

第三,中国传统宇宙观是"整体主义"的或"全体主义"的宇宙观。整体优先于部分,总体优先于个体;整体、全体赋予部分、个体以"职司"、"职能",部分、个体为整体、总体之实现而努力完成此"职司"、"职能"。部分、个体之性得之于整体、总体便是善,否则便是恶;部分、个体为整体、总体之实现而尽其"职司"、"职能"便是善,否则便是恶。

第四,中国传统宇宙观是"全息式"的或"月印万川"式的宇宙观。人是一个小宇宙,宇宙是一个大的人;人是一个小社会,社会是一个大的人。目之职司在为"人身全体"而视,但反过来目之本身却又是一个"人身完体";父之职司在为"社会全体"而慈,但反过来父之本身却又是一个"社会全体"。犹如"月印万川",万月各有其性、各有其命、各有其时间与方位,但万有却又同时是那"一月","一月"之全部信息都同等地包含在那布于万川的"万月"身上。简言之,"一月"是"万月",同时又不是"万月";"万月"是"一月",同时又不是"一月"。

第五,中国传统宇宙观是"职能(function)先于存在(existence)"的宇宙观,是"职能决定性质(character)"的宇宙观。就"人身全体"言,耳目不能自存,其必依"人身全体"而存;就"社会全体"言,人不能自存,其必依"社会全体"而存;就"宇宙全体"言,天地万物不能自存,其必依"宇宙全体"而存。先有视之职能,后有目之存在与目之性;先有善之职能,后有人之存在与人之性;先有生之职能,后有天地之存在与天地之性。无有某项职能、职司,便无有存在之理由;天地万物无一不有各自之职能、职司,故天地万物无一不有其存在之理由。

第六，中国传统宇宙观是"不分人事与物理"的宇宙观，是"浑沌式"的、浑然一体的宇宙观。不分自然与人为，不分机械与自由，不分必然与应然，不分内与外，不分物与我，不分自然律与道德律，等等。自然的即是人为的，机械的即是自由的，必然的即是应然的，内的即是外的，物的即是我的，自然律即是道德律。一言以蔽之，人事之理即是物界之理，人事之理与物界之理又即是神界之理；再简言之，人伦即是物则，人伦、物则即是天理。

第七，中国传统宇宙观是"有机整体的一元论"的宇宙观，是"一元的多元论"的宇宙观。贯穿天地万物间的"理"只有一个，曰"理一"，是为"一元"；天地万物各得其"理"，物物各有其"理"，故有"万理"，曰"分殊"，是为"多元"。合而言之即是"理一分殊"，即是"一元的多元论"。一理之在宇宙而发为天地万物之理，此天地万物之理又各只是那一理；一理之在社会而发为君臣父子之理，此君臣父子之理又各只是那一理；一理之在人身而发为耳目手足之理，此耳目手足之理亦同样只是那一理。一理是"一元"，物各有其理则又是"多元"，故是"一元之多元"，而不是"多元之一元"。

这些观点是著者根据张东荪的零星论述整理出来的。著者对此深表赞同；不惟深表赞同，更欲延伸之，推演之，引申之，甚至发挥之，而成一条理清楚、层次分明、特色独具之宇宙观。

张东荪所论之中国传统宇宙观，卓然自成一家，从其相同或相似角度论述中国传统宇宙观之学者，十分稀少。惟见台湾著名学人韦政通先生《中国文化概论》之第四章第三节论"宇宙问题"，与张东荪所论有异曲同工之妙。故著者欲以此为线索，给予中国传统宇宙观重新定性。

二、宇宙观上的现象主义"大视野"

中国传统宇宙观是现象主义的宇宙观,因而是反本体论的宇宙观。西方哲学自柏拉图(Plato,公元前427—公元前347)定下基调与"格式",便普遍认为在自然万象之外,还有一个比自然万象更真、更实的本体,以为自然万象之根据与模型。中国哲学反其道而行之,自始即认为本体不离现象、离现象无本体,换言之,自始即认为现象背后无本体。中国哲学以"虚"、"无"指称宇宙,其所指称者当然只是"本体"而非"现象";是谓"本体之虚"、"本体之无",而不是"现象之虚"、"现象之无"。没有哪一家的哲学幼稚到完全否认"现象"的存在;换言之,所有的哲学都是承认"现象"的,差别只在对于"现象"之地位与性质的理解。西方哲学以为"现象"不能自立自存,必依背后之"本体"而存;中国哲学则以为"现象"即是自立自存者,其背后"本体"之设定,是不必要的。

《老子》曰:"无名天地之始。"又曰:"天下万物生于有,有生于无。"《庄子》曰:"天道运而无所积,故万物成。"（《庄子·天运》）又曰："以空虚不毁万物为实。"（《庄子·天下》）《易传·系辞上》曰："神无方而易无体。"《管子》曰："虚者，万物之始也。"又曰："虚之与人也无间。"（《管子·心术上》）《淮南子》曰："道始生虚廓，虚廓生宇宙，宇宙生元气。"又说："有生于无，实出于虚。"（《淮南子·原道训》）其间均涉及"无"字与"虚"字或"空"字。中外之硕学鸿儒对于此"无"字、"虚"字与"空"字之解释，何止千万种！但都似乎很少从"本体"角度着眼。

　　著者在此斗胆一试，欲给"无"、"虚"、"空"等字重新下一番解释："无"即是"无本体"、"虚"即是"虚本体"、"空"即是"空本体"；"无本体"是谓根本不承认"本体"，"虚本体"是谓离现象无"本体"，"空本体"是谓"本体"与现象不相离。总之中国哲人之"无"、"虚"、"空"等字，均是对于"本体"而设，而非指现象；所以中国哲人的宇宙观不是"虚无主义"的宇宙观，质言之，它是一种"虚无主义"，但却只是"本体论"上的"虚无主义"，而"本体论"上的"虚无主义"就是"现象主义"。著者此种解释或许不通，或许只是拾人牙慧，但至少是个人思考之所得，或许有若干新意亦未可知。

三、由现象主义而致循环主义

中国传统宇宙观是循环主义的宇宙观，因而是既反进化论又反退化论，亦即反直线论的宇宙观。希腊哲学中有退化论的宇宙观，西方近代以来有进化论的宇宙观，一退化一进化，共同点是直线论的宇宙观。中国思想不然，中国思想自始即视宇宙为一往复流行之宇宙，因而是循环不息之宇宙，既无所谓进化，亦无所谓退化。

中国思想史上循环主义的言论不绝如缕。如《易经》曰："无平不陂，无往不复。"（《径上·泰卦》）又曰："变动不居，周流六虚。"（《易传·系辞下》）《老子》曰："万物并作，吾以观其复。"又曰："物壮则老。"《庄子》曰："消息满虚，一晦一明。"（《庄子·田子方》）又曰："年不可举，时不可止，消息盈虚，终则有始。"（《庄子·秋水》），等等。此种循环主义的观念通行于上层与下层、上位文化与下位文化，通行于历史、政治与社会，亦通行于人界、物界与神界，而成普遍通用之"人伦"、"物则"与"天理"。

历史对于中国哲人而言，不过是一"治乱循环"之历程；政治对于中国哲人而言，不过是一"五德终始"

之历程；社会对于中国哲人而言，不过是一"善恶循环"之历程。"否极泰来"、"物极必反"、"人心厌乱，天道好还"之类观念，是根植中国人心中牢不可破的信念。中国人所以不是奋斗不息之群体，所以不是舍生忘命之群体，恐怕大半肇因于此种信念：奋斗有为者，终会失去；无所作为者，亦终将得到；有为与无为其结局相同。

中国哲人此种循环主义宇宙观所自何来？著者答曰：来自于对于日月星晨、四时寒暑之类循环之观察。如《易传》说："日往则月来，月往则日来，日月相推而明生焉。寒往则暑来，暑往则寒来，寒暑相推而岁成焉。往者屈也，来者信也，屈信相感而利生焉。"（《易传·系辞下》）又说："反复其道，七日来复，人行也。"（《易传·彖上》）显然是从天象之观察，而得出循环主义之结论。但此天象之观察却又是源于人事的，换言之，即是人事之投影。著者以为历史循环与人事循环方为中国循环主义宇宙观之最终依据。

四、由现象主义而致无限主义

中国传统宇宙观是无限主义的宇宙观,因而是反有限论、反末日论的宇宙观。希腊哲学中有"有限时间"之观念,西方基督教有"宇宙末日"之观念;此种观念在中国思想中是没有的。中国思想倡导的是无限循环之观念。

中国哲人求"长"求"久"之思想,亘古不变。《易传》曰"可久可大",《中庸》曰"悠久成物",《老子》曰"天长地久",均是对于"长"、对于"久"之自觉追求。中国哲人心目中之致"长"、"久"之道亦很特别,那就是"积德"。如司马光说:"积金以遗子孙,子孙未必能守;积书以遗子孙,子孙未必能读;不如积德于冥冥之中,以为子孙长久之计。"此种"积德"以致"长久"、以达"久远"之观念,是孟子"苟为善,后世子孙必有王者矣。君子创业垂统,为可继也"之观念的直接继承与强化。不仅如此,中国思想还有"能长能久者必是有德者"之观念,即不仅认为"积德"者能致"长久"、能达"久远",而且认为能致"长久"、能达"久远"者必是"积德"者。如寿命之长久者、家族之历久不衰者、朝代之持久不亡者等,均是"有德"之象征。简言之,中国哲人以为"积德"不仅是"长久"之必要条件,亦是"长久"之充分条件。

"不已"、"无尽"、"无穷"、"生生"等,亦是中国哲人之自觉追求。如《诗经》曰:"维天之命,于穆不已。"《易传》曰:"天地之道,恒久而不已也。……日月得天而能久照,四时变化而能久成,圣人久于其道而天下化成,观其所恒而天地万物之情可见矣。"(《易传·彖下》)苏东坡曰:"自其变者而观之,则天地曾不能以一瞬;自其不变者而观之,则万物与我皆无尽也。"(《赤壁赋》)周濂溪曰:"万物生生而变化无穷。"(《太极图说》)《易传》曰:"生生之谓易。"(《易传·系辞上》)《论语》曰:"天何言哉,四时行焉,百物生焉。"戴东原曰:"天地之化,生生而条理者。"又说:"天地之气化,流行不已,生生不息。"(《孟子字义疏证·道》)等等。

著者以为中国思想中"无限主义"之观念,可使人对于其所生存之宇宙抱有无限期望,因而努力去创造新新不已之完满社会,可说具有极伟大之智慧、极重要之价值。但中国思想中之"无限主义"至少有两大局限,一是以循环主义为基础,一是以道德主义为基础;即把"无限主义"视为一种循环的无限、道德的无限。因而其价值便大打折扣,其反有限论与末日论之力量便大为削弱。

五、由现象主义而致道德主义或价值主义

中国传统宇宙观是道德主义或价值主义的宇宙观，因而是反机械主义的宇宙观。西方哲学的主流宇宙观是机械主义的宇宙观，是科学的宇宙观。此种宇宙观持纯认知的态度，对宇宙不夹杂情感成分与价值色彩。"天"就是天文学上的天，"地"就是地理学上的地，"人"就是生物学上的人，"心"就是心理学上的心，"物"就是物理学上的物。总之西方哲学上主流之宇宙观，是纯粹客观的、"无情无义"的宇宙观。

中国传统的宇宙观却是"有情有义"的，是活的与动的。中国哲人对于宇宙的态度是：（1）自然宇宙表现至善之价值；（2）现存宇宙值得生存，不必另求天国；（3）科学宇宙观不成立。西方基督教认为真善美之价值只在天国，那是上帝所在之宇宙；不在人间，那是人类所在之宇宙。人类生存之宇宙是上帝专为惩罚人类而造，不具真善美之价值。中国哲人则以为，人类生存之宇宙乃是真善美之价值之惟一表现之所，因而也是惟一值得生存之宇宙。

《吕氏春秋》有言曰:"天无私覆也,地无私载也,日月无私烛也,四时无私行也,行其德而万物得遂长焉。"(《吕氏春秋·孟春纪·去私》)"无私"乃是中国思想中最大德之一种,天地日月四时具备此最大德,因而是值得共处的。这就正如孟子所言:"天道荡荡乎大无私。"(《孟子·滕文公下》)天之道最彰明著著处即是"大无私",把"无私"之至德放大、扩大、发扬光大,遍于天地万物,遍于人界、物界与神界,而成各界通行之"公理"。《诗经》上说:"天生烝民,有物有则,民之秉彝,好是懿德。"宇宙所含之"懿德",当然不止"无私"一种,其所含之"懿德"是全方位的,如"孚佑下民"、赏善罚恶,等等。

六、由现象主义而致人文主义

中国传统宇宙观是人文主义的宇宙观,因而是反自然主义的宇宙观。何谓自然主义?从天理、物则推演出人伦,从自然秩序推演出社会人事秩序,是谓自然主义。何谓人文主义?从人伦推演出物则、天理,从社会人事秩序推演出自然秩序,是谓人文主义。简言之,自然主义是自然为人立法,人文主义是人为自然立法。西方哲学上宇宙观的主流是自然主义的,即从自然宇宙之法则中引申出政治之法则、道德之法则、社会之法则、法律之法则、教育之法则等,所以西方人易产生自由、平等、博爱之观念。

中国思想不然,中国思想虽也从"天赋人以性"开始,却永远以"人赋天以性"作结。换言之,中国思想之理论上的程序,永远是倒装的,即表面上是自然主义的,实际上却是人文主义的。东汉思想家仲长统(180—220)有言:"人事为本,天道为末。……故审我已善,而不复恃于天道,上也;疑我未善,引天道以自济者,其次也;不求诸己,而求诸天者,下愚之主也。"(《全后汉文》卷八十九,《昌言》下)"人事为本"即是以人事为源、为始、为出发点;"天道为末"即是以天道为流、为终、为归结处。换言之,即是从人事引申出天道。上者只重人事而不引申出天道,中者怀疑人事而引天道自济,下者不重人事而求诸天道或从天道引申出人事。换言之,上者为人文主义者,中者为折衷主义者,下者为自然主义者。

中国文化当然是"上者"或"上也"之文化。南朝宋思想家何承天(370—447)"人非天地不生,天地非人不灵"(《全宋文》卷二十四,《达性论》)之言,亦当作此解释。"灵"即"性"、即"伦"、即"则"、即"理";"天地非人不灵"即天地非人则无"性"、无"伦"、无"则"、无"理"。换言之,天地之"性"、之"条理"、之"法则"、之"伦次",是人赋予的,而不是相反。而这恰就是所谓人文主义。

中国思想之人文主义,也许起源甚早,但至迟在《易传》出现的时候,它已经形成完整的体系了。《易传·彖上》有名言曰:"刚柔交错,天文也;文明以止,人文也。观乎天文以察时变,观乎人文以化成天下。"此名言即是人文主义观念之最集中表达。"人文"即是从人事中引出法则;"文明以止"即是一切秩序法则均以人事为最后依据;"观乎人文以化成天下"即是惟有懂得从人事引出法则之理,方能使天下万物顺利步入法则之轨道,而成一井然有序之世界。著者此种对于《易传》的解释,或许有与各大家硕儒不同之处,但著者自信此种解释恐绝非胡说,或许真能较其他诸说更为切近《易传》原义,亦未可知。

吾人可注意中国传统宇宙观上的三个著名命题。第一个命题是《中庸》所谓"天命之谓性",谓天赋人以性,这是理论上的第一步;第二个命题是《孟子》所谓"知其性则知天矣",谓天人同性,此为理论上的第二步;第三个命题是程伊川所谓"人之心即天地之心",谓人赋天以性,此为理论上的第三步。实际上的步骤与理论上的步骤刚好相反:第一步是人赋天以性,第二步是天人同性,第三步才定天赋人以性;第一步是实际的,第三步是设定的。

七、由现象主义而致整体主义或全息主义

中国传统宇宙观是整体主义或全息主义的宇宙观,因而是反原子主义、反分析主义的宇宙观。西方哲学中宇宙观之主流,是原子主义的与分析主义的,其思维是"日取其半,万世不竭"之思维。这思维定式是希腊哲人留基波(Leucippus,约公元前500—公元前400),尤其是其后继者德谟克利特(Democritus,约公元前460—公元前370)奠定的。此"格式"一定,便影响到西方文化直到如今。

"原子"(atomon,希腊文)之本义即是"不可分",即天地万物经过无穷分割(或分析)后所得到的最后单元。这单元被描绘为最小的、坚实的、不可分的物质单位。所谓"原子主义"或"分析主义"就是这样一种思维定式:(1)天地万物可无限分割,(2)无限分割之结果一定可得到一个不可再分之最后单元。此种思维定式被引入自然科学,于是就有19世纪英国科学家道尔顿(John Dalton,1766—1844)的"科学的原子假说",以及意大利科学家阿伏伽德罗(Amedeo Avogadro,1776

—1856）增修而成的"原子-分子论"。"原子主义"或"分析主义"的思维，于是成为西方近现代科学研究的中心，"原子"问题或"分析"问题于是成为西方近现代科学研究的最重要问题之一。

中国人的思维则是整体主义或全息主义的思维，原子主义或分析主义在中国思想的系统中，没有立足的余地。孟子言"君子所过者化，所存者神，上下与天地同流"，庄子言"天地与我并生，万物与我为一"，诸如此类，便是中国人在宇宙观方面的思维定式。此种思维定式在天人关系问题上，造成所谓"天人合一"之观念，或曰"天人合德"、"天人不二"、"天人无间"、"天人相与"、"天人一贯"、"天人合策"、"天人之际"、"天人不相胜"、"天人一气"等之观念。如陆象山谓："宇宙即吾心，吾心即宇宙。"王阳明谓："天地万物俱在我的发用流行中。"又谓："心无体，以天地万物之感应为体。"等等。

此种思维定式在主客关系问题上，造成所谓"主客合一"之观念，或曰"主体与客观合一"之观念，以为主体与客观并非固定于一端，而是可以相互转化的，且以为其间并无本质之差异。如孟子谓："万物皆备于我。"《易·系辞》谓："大人者，与天地合其德。"程明道谓："仁者浑然与天地万物为一体。"此种思维定式在内外关系问题上，造成所谓"内外合一"之观念，或曰"超越与内在合一"之观念，从而使偏向超越一面的天道、天理、天命等逐步内在化，而与人之心性渐趋合一，乃至完全统一。如《易·系辞》谓："有天道焉，有地道焉，有人道焉。"朱熹谓："天道无外，此心此理亦无外。"王阳明谓："仁人之心与天地万物訢合和畅，原无间隔。"等等。此种思维定式在教学关系问题上，造成所谓"教学合一"之观念，或曰"教化与学问合一"之观念，以为学问不离教化，离教化便无学问；以为践履重于思辨，离践履无所谓思辨；以为情重于智、生命重于知识，离情无所谓智、离生命无所谓知识。此种思维定式在知行关系问题上,造成所谓"知行合一"之观念,或曰"理论与实践合一"之观念,以为知之起即是行之始,行之始即是知之起。如王阳明谓:"祇说一个知,已自有行在;祇说一个行,已自有知在。"(《传习录上》)等等。总之此种思维定式所造成的后果,与"原子主义"或"分析主义"根本不同。

此种思维定式在社会生活上造成"集体主义"一理独大之局面,以为整体永远大于部分、集体永远大于个体、公利永远大于私利。儒家以"天下"为整体,强调个人利益、家族利益以及国家利益必须服从"天下"利益;具体言之,在封建制下,家、诸侯国必须服从"周天子"的利益。墨家以"上"为整体,强调"上之所是,必皆是之;所非,必皆非之"(《墨子·尚同上》)。法家以"人主"、"君上"为整体,认为"人主"、"君上"之"公利"是惟一值得遵循的最后标准,"个人"或"民"之"私利"是根本不值一提的,"君上之于民也,有难则用其死,安平则用其力"(《韩非子·六反》)。宋明儒亦以"公"为整体,完全否定个体之"自我",并进而提出"无我"原则,认为"己者,人欲之私也"(朱熹:《大学或问》)当否定,而"大无我之公"(朱熹:《西铭论》)则当提倡。总之"集体主义"或"整体主义"是通行于中国人社会生活各方面的。中国人之社会观与宇宙观完全一致。

著者的最后结论是:中国所谓的"大人"自始即有一种很特别的宇宙观,与西方哲人之宇宙观完全不同;此种宇宙观方为中国文化五千年真正一以贯之之"道",方为中国文化真正之"道统"。著者在别的文章里曾谓"道德至上论"乃中国文化之"道统",现在看来此种观点只是见到了中国文化之浅层,只是见到了中国文化之"Ⅰ阶";往外、往上推还有"Ⅱ阶",这就是更为广大宏阔之宇宙观。

故著者的观点现在可修改为：从一定的层次上固然可以视"道德至上论"为中国文化之"道统"，但从更高更广的层次上说，中国文化之"道统"只能是上述现象主义的、循环主义的、无限主义的、道德主义的、人文主义的、整体主义的、职能主义的、内在主义的、全息主义的、一元主义的宇宙观。若问到此种宇宙观在将来的命运，著者便有如下的主张：中国传统宇宙观之总的框架是可以保留的，只须将其"道德主义"去除就行。

换言之，传统宇宙观认为人之职司为"道德"，著者则认为人之职司为"理智"、"理性"、"知识"，人而尽此便是尽了对宇宙全体之职责与使命。人为天地立心即是以其"理智"、"理性"、"知识"而立，而不是以其"道德"而立；于是人便成为宇宙无边黑暗里之惟一一盏油灯，天地万物中之惟一"灵明"。（若存在地外智慧生命，此结论自当修改。）只要将传统宇宙观中"道德"之位置空出来，让"理智"、"理性"、"知识"来坐，传统宇宙观就成为一种最妥当的、最完美的宇宙观。它既超越中西，又融会中西，在未来时光中具有永恒之价值。

现象主义、职司主义、内在主义、整体主义、无限主义、全息主义、一元主义等，都是对的；错只错在其"道德主义"。著者之宇宙观即是"传统宇宙观＋理智主义或理性主义或知识主义"的宇宙观。著者以为这样的宇宙观具有极重要价值，贯彻此种宇宙观也许可成为一项"划时代"创举。①

---

① 最后须得说明的是，著者对中国传统宇宙观所做之重新定性，是来自对张东荪先生及韦政通先生相关论述之引申；而韦政通先生之相关论述，又是对唐君毅先生《中西哲学思想之比较研究集》（重庆正中书局，中华民国三十二年五月初版）一书有关论述之引申。故以上重新定性著者只有引申之功，并非所有方面都是著者独创。此为著者不能不特别交待于读者者。

后记

成为"大人"也许不难

后记:成为"大人"也许不难

这本书的撰写,起笔于2003年4月下旬,收笔于2003年5月下旬,正好是北京"非典"闹得最凶的时期。

没有"非典"这个大环境,我根本不可能安排这样一个整段时间,全身心地投入一本书的写作。"非典"给了我写作这部书的最佳环境:不应酬别人也不被别人应酬,不串别人之门也不让别人来串门,不自己开会也不被别人招去开会,不上街逛公园也不被别人拉去上街逛公园,……。这样的写作环境,恐怕到死都碰不到几回。惟一的缺憾,是不能去国家图书馆,好在"非典"严重发作之前,我已经跑得差不多了,不碍事了。

这一个多月,我每天十点左右起床,匆匆吃点东西,就开始写作,一直写到下午四点或五点,然后溜到外面去"透气"。中间是不间断的。到外面"透气"时,有时戴口罩,有时不戴。顺着街边无人的地方走,遇有报栏就瞧瞧上面的消息,看当日又新增多少例、新增死亡多少例、新增疑似多少例。溜达二小时左右,回家,再看点凤凰卫视的新闻,偶尔也看几集电视连续剧《走向共和》,至晚上九点半或十点,重又开始写作。一直写到凌晨二点左右,然后关灯睡觉。这样一天下来,大致平均每天能写五千字左右。三十多天过去,就得到这本大约十五万字的书稿。再加上后来增补的约五万字,共得约二十万字。

构思的时间,大致就是广东河源"非典"第一人黄杏初入院的时间。"非典"从个别病例到大发作,以致引起国人恐慌的时间,大致就是我思考写作路径、搜集原始材料的时间。"非典"肆虐北京,逼着政府放假的时间,大致就是本书写作的时间。所以这部书,可说真正是一本"非典"书。没有"非典"这样一个大环境,这本书不可能在一个月内写成。"非典"大伤我民族元气,对民族而言是一场"天灾"(外带一些"人祸");但对我渺小个人而言,却是一个很好的写作背景。这个背景现在就要拆除了,我当然很高兴,但也免不了有点"伤其逝"。否则我还想编一本大书,起名曰《英雄传》,把古今中外英雄的故事集于一书,献给那些冒死救人的"非典"前线的将士们。

这本《"大人"论》在内容上,是与"非典"丝毫没有关系的。若说有关系,那也只是对照而言。《"大人"论》写的是"大人"之成长与特征,"非典"是最小最小的生物所引起,一"大"一"小",两相对照着也可以扯上关系。中国文化所追求的"大人",至大无外,可说是"大"到了极点;引起"非典"的冠状病毒连一个细胞都还不是,只是一段遗传基因,可说是"小"到了极点。在地球这生存竞争的舞台上,真可说是"大"有大的难处,"小"有小的便利。谁说"大"就一定能成功,就一定是强者;"人体"这部地球上最最精密、无与伦比的"仪器",不可谓不"大",但却一时败在最最微小的冠状病毒手下,不正彰明成败生死的"无常"!就物种而言,尽管最终取胜的肯定还是"人体",但谁又能断言,在未来的无限时空里,"人体"不会遭遇跨不过去的那一关?同样"与时俱进"的"大大小小"的敌人,是不是正加紧"制造"这样的难关?

难关纵有千万道,"大人"之追求却无论如何不能放弃。中国文化告诉吾人的,就只是这样一个道理:人而能不畏难,爬起了跌倒,跌倒了爬起,就是"大人";人而能上承天命,活一日尽一日之责,不苟且,不放弃,就是"大人";人而能超出"小我",胸怀宇宙,与天地同久,与日月并明,就是"大人";……。这要求表面上高不可攀,其实很容易做来:人之所以为人者,在天生一点"智慧"与"灵明",以此一点"智慧"与"灵明",而发明新思想,提升新境界,就是在照亮宇宙之无边黑暗;如一盏油灯,其照亮之范围有多大,人生之价值与意义就有多大。只要他能"明",其"明"就能与日月并;只要他不灭,其"久"就能与天地同。

"大人"就是不耽误、不虚掷那一点天生"智慧"与"灵明"的人,简言之,就是"长着脑袋想问题"的人;若是耽误了、虚掷了,"长着脑袋等于不长",那就是"小人"。

所以,要成为"大人"并不难!